杨秀君 著

哈佛心理手记

心理素质与人生

华东师范大学出版社
·上海·

图书在版编目(CIP)数据

心理素质与人生:哈佛心理手记/杨秀君著.—上海:华东师范大学出版社,2015.12
ISBN 978-7-5675-4452-9

Ⅰ.①心… Ⅱ.①杨… Ⅲ.①成功心理-通俗读物
Ⅳ.①B848.4-49

中国版本图书馆 CIP 数据核字(2015)第 304399 号

心理素质与人生

哈佛心理手记

著　　者　杨秀君
策划编辑　彭呈军
特约编辑　张艺捷
责任校对　赖芳斌
装帧设计　崔　楚

出版发行　华东师范大学出版社
社　　址　上海市中山北路 3663 号　邮编 200062
网　　址　www.ecnupress.com.cn
电　　话　021-60821666　行政传真 021-62572105
客服电话　021-62865537　门市(邮购)电话 021-62869887
地　　址　上海市中山北路 3663 号华东师范大学校内先锋路口
网　　店　http://hdsdcbs.tmall.com

印 刷 者　广东虎彩云印刷有限公司
开　　本　787×1092　16 开
印　　张　13.5
字　　数　213 千字
版　　次　2016 年 2 月第 1 版
印　　次　2021 年 9 月第 3 次
书　　号　ISBN 978-7-5675-4452-9/B·990
定　　价　29.80 元

出 版 人　王　焰

(如发现本版图书有印订质量问题,请寄回本社客服中心调换或电话 021-62865537 联系)

目录

4 意志篇 _063

5 个性篇 _081

6 学习篇 _099

序

2014 年 8 月 30 日至 2015 年 8 月 29 日，我到美国哈佛大学心理学系访学一年，带孩子同行。在这个过程中，尽管有较多的压力和艰辛，但同时也有不少收获。当我在 Cambridge（剑桥市）大雪纷飞的日子里步履艰难地从超市购物回家时，当我在心理学系感受到学习、科研之压力沉重时，当我在与老师、同学和朋友的交流中有所思索时，当我心情愉悦地漫步在哈佛校园时……我都常常想起心理素质与人生这一话题，想起在积极心理学的背景下，有哪些自己的经历可以与人们分享，以激励大家更加积极向上？我想，若是将自己在哈佛访学期间的所见、所思与所感记录下来，与大家分享，启迪大家思考心理素质与人生，岂不是一件很有意义的事情吗？

由于心理素质是一个含义很广泛的概念，所以，本书的章目也包括较多的内容：1. 心理素质与人生，主要是介绍几个相关的概念及其研究，如心理素质是什么、成功与成功感、挫折与抗挫折能力、抱负水平、目标设置等。希望这些概念与研究可以帮助大家思考心理素质与人生。起初，也许大家会觉得这些概念有些枯燥乏味，那么，请翻到后面。相信等你读到后面，你会愿意翻回前面重新领会这些概念。2. 认知篇，包括认知风格早知道、接受自我有多难、小水壶和小锅的故事，以及认识专注力等。3. 情绪篇，包括将压力放到一边、小情绪也自控、“情商”是什么、明媚的阳光等。4. 意志篇，通过坚强的特种士兵和哈佛广场的乞讨者等案例来认识意志的作用，通过纳塔莉的故事引出挫折之痛与成长，从“书非借也能读也”谈意志努力等。5. 个性篇，内容包括人格面具、需要层次、性格内向的优势、悦纳独特的个性等。6. 学习篇，讲述了哈佛教授也“疯狂”，研究生的苦与乐，哈佛学生的裸奔，以及学习方法大比拼。7. 人际交往篇，分别讲述了邻家有个夜哭郎的故事，“不公平”的人际关系的应对，恋爱的感觉，以及亲昵关系对人生的重要性。8. 心理健康篇，从自杀之殇、记住那蓝绿色的灯光、万事皆有可能、做能幸福的人等方面探讨维护心理健康的重要性及方法，并强调心理健康应积极向上，追求自身潜能的发挥。9. 职业规划篇，具体分析哈佛校长演讲的启示，记叙了校车司机大不同的故事，对人各有志的现象及其原因进行了分析，并谈及创业的脚步等。10. 生命思索篇，包括走近 John F. Kennedy、不一样的人生、荣格的一生，并从“美国式过马路”等三个杂谈来思考人生。需要注意的是，以上的案例只是大致地分类放于各章节之中，许多的案例具有交叉性，换一个思路，也可以用于讨论另外的话题。可以说，书中所写，既有学术研究方面的记录，也有家庭教育方面的感悟，是笔者访学生活的真实写照。

而且，笔者认为，大家也可以换一个思路，问自己一些具体的问题：在认知方面，你是一个容易受环境影响的人，还是一个不容易受环境影响的人？你是否能接受自己的长相，悦纳独特的自我？你是否能给自己一个宽松的环境，发现自我的价值？你是否听说过专注力？在情绪方面，你是否充满压力而不知道如何缓解自己的压力？你是否不知道如何控制自己的情绪，特别是在面对父母时容易冲动、不能自控？你是否知道情商原本翻译自 Emotional Intelligence？在意志方面，你是否听过特种士兵的坚强的故事？当你看见乞讨者时，你是否思考过他们的意志品质？你看过纳塔莉的电影，可你是否知道她曾经经历过的挫折，你是否知道挫折并不可怕，关键在于是否能从中发现成长的契机？在个性方面，你听说过人格面具吗？你用需要层次理论分析过自己的需要吗？你知道性格内向其实挺有优势吗？在学习方面，你知道哈佛教授“活到老、努力到老”吗？你相信研究生的学习有苦也有乐吗？当你听说“哈佛学生裸奔”时，是否觉得有点不可思议、很滑稽？在人际交往方面，你是否觉得“隔壁有个夜哭郎”是个想想都难以忍受的问题？你是否遭遇过“不公平”的待遇？你是否思考过恋爱的利与弊？在心理健康方面，你是否有能力帮助想要自杀的人？你是否知道蓝绿色的灯光代表了什么？你是否相信“万事皆有可能”，你是否能积极应对自己的生活，能体验美好的事物，能保持愉悦的心情？你是否想做个能幸福的人？在职业规划方面，你在规划自己的职业时，除了小我，你还能考虑到的东西能有哪些？你是否能在自己的职业生活中保持快乐的情绪？在职业选择中，你最为看重的是什么？你自己或朋友想创业吗？在生命的思索方面，你是否认真思考过人生？你听说过美国肯尼迪总统的故事吗？你看到或听到有人年龄“一大把”了还在努力学习时，对你的人生有触动吗？你听过荣格的故事吗？你听说过“中国式过马路”，但你听说过“美国式过马路”吗？看完本书后，你对人生能有更多的思考吗？而在孩子养育方面，你是否相信愉悦的情绪很重要？你是否想过如何让孩子学会意志努力？你是否为孩子无休止地索要玩具而感觉很无奈？你是否为孩子似乎总是比不过别人而气愤不已、难以保持内心的平静，你是否想过尊重孩子的个性？你是否关注孩子的学习方法？你是否与孩子保持足够的亲昵？如果，你有以上困惑，请仔细阅读相关篇目，你会在阅读中有新的发现与感悟。特别地，“悦纳独特的个性”能让作为父母或孩子的你意识到：父母在教养方式上可能出现一些问题并对此有进一步的认识。

总之，本书试图从心理素质的多个侧面启迪大家思考心理素质与人生的关系。祝愿大家在阅读中获得心理的成长！

1

心理素质与人生

心理素质是什么?

心理素质是一个很大的概念,似乎也一直没有一个完全统一的界定。在心理学界,只要是能与心理搭上边的东西,似乎也都能与心理素质搭上边。

在不少书中,都有这样的定义:心理素质是素质结构中的重要组成部分,是以个体的生理条件和已有的知识经验为基础,将从外在获得的刺激内化所形成的,稳定的、基本的心理品质。可以说,一个人的心理素质是在先天素质的基础上,经过后天的环境与教育的影响而形成并发展起来的稳定的心理品质。

心理素质不仅包括人们通常所认为的情绪稳定、意志坚强,而且还包括认识过程和个性等内容。具体来说,我们可以这样来理解心理素质:

第一,是认识过程。你对周围环境及自身的认知是较为正常的,还是较为偏激的?

第二,是情绪情感。你的情绪情感在大多数时候是稳定、积极向上的,还是很不稳定、较为消极的?

第三,是意志。你是行为目的明确、果断采取决定、在行动中坚韧不拔、具有良好的自制力,还是盲目从众、优柔寡断、行为难以坚持、遇事冲动?

第四,是个性。你对个性了解有多少?你的性格特征如何,是开朗乐观,还是较为悲观?

第五,是学习。你是学习目的明确、学习方法正确、学习效果良好,喜欢学习,能应对学习,还是没有明确的学习目的、学习方法不好、学习效果较差,讨厌学习,不能完成学业任务?

第六,是人际交往。你是喜欢与人交往并在与人交往中能积极应对一般的状况,还是不喜欢与人交往、逃避与人交往?

第七,是心理健康。你是心理健康,能积极、主动地追求自身潜能的实现和发展,"将个人心境发展成最佳状态",还是处于心理不太健康的状态或有一些心理问题?

第八,是职业规划。你是对自己的职业具有明确、长远的目标,并为目标而积极奋斗着,还是不知道自己能做什么,感觉较为迷茫?

第九,是生命思索。你是对生命的意义有充分的思考,还是从来没有想过有关生命方面的问题?

以上是心理素质各方面内容的两个极端。如果你处于中间,那么你也可以思考自己是处于中间偏向哪一端?

不同的心理素质,可以带来不同的人生;不同的人生映射出不同的心理素质。良好的心理素质是美好人生的基础和前提,只有具有良好的心理素质,才能拥有美好、快乐、成功的人生。而且,在人生的各个阶段,心理素质也会不断地发展与变化。思考心理素质与人生的关系,可以让我们每天都生活得更有目标、更有活力,让生活充满意义。希望大家在生活中,学着关注自己所拥有的,而不要过分关注自己所失去的,以良好的心理素质来创造自己和他人的美好人生!

以下,我们将先来学习几个重要的概念。当你真正理解这些概念之后,你会发现一个人的人生是否美好与成功,正是取决于成功感、抗挫折能力、抱负水平、目标设置等心理素质的状况如何。

成功与成功感

"成功的人生"是世间众人梦寐以求并苦苦追寻的目标。但现实生活中,成功却常常与人们擦肩而过,不少人难以体验到成功感。究其原因,却是人们对成功与成功感的不理解或误解。所以,我们很有必要先来思考一下:"什么是成功?",以及"什么是成功感?"

什么是成功?

“成功”是一个非常常用、非常通俗的词语,但也正是由于它的通俗性,也许很少有人会去查一查词典,了解一下它的含义,以至于人们对它的理解各不相同。

《现代汉语大词典》中对“成功”一词的解释包括两层含义:①成就功业或事业。②事情获得预期结果。

《汉语大词典》(第五卷)中的解释则包括以下五种不同的含义:①成就功业或事业。②成就的功业,既成之功。③事情获得预期结果。④成效。⑤收获。

但我们应注意,在日常生活中,人们在评价一个人是成功还是失败时,所参照的标准主要有三个,即个人的标准、他人的标准,以及群体的标准或社会大众的普遍标准。

以上三个标准有可能一致,也有可能不一致!而且很多时候,三者是不一致的。

由于所参照的标准不同,我们对成功的理解就可能有天壤之别。所以,即便我们对成功下一个定义:所谓“成功”,就是获得预期的结果,达到所追求的目标。但是,对成功有着不同评价标准的人,在这一概念的理解上,却可能有着巨大的差异。而且,我们需要知道:在人生的不同阶段,人们对成功的理解和界定是不断发展变化的。

当前许多的成功学方面的书,都在讲成功,但他们所讲的“成功”大多都是按照社会大众的普遍标准来衡量的成功。这就使得许多人走入了对成功的理解误区,以为自己不可能获得成功,以为成功是成功人士的专利。但同时,人们却又常常发现一些奇怪的现象并为之而疑惑:即为什么有许多在人们看来非常成功的人,他们自己却认为自己不成功并感到非常压抑?

我们也可以从成功的反面——失败,来看成功。如《失败学》一书中给失败下的定义，是“与人相关的一个行为，没有达到其预定目的”。换句话说，是“人们参与行使一个行为后，出现了不希望达到的、没有预期的结果”。

参考以上内容，我们将“成功”，特别是学生学习方面的成功定义为：达到自己所追求的目标。同时，我们还要明确，判断个体是否成功所参照的标准主要是个体自己的标准。

什么是成功感？

正如《心理学词典》中所写：成功感（feeling of success），是指当人们感到自己已达到或超过自己的抱负水平时所体验到的情感。与成功感对立的是失败感，即当人们感到自己未达到或远距自己的抱负水平时所体验到的情感。成功感与失败感是与自我评价有关的情感，它们由一个人的自我知觉、抱负水平所决定。而成功与失败的内部标准则受到社会因素的巨大影响，一方面，人们必须调整个人标准，使其与社会标准相接近；另一方面，人们行为的成败往往会受到社会评价的影响。

另外，《心理咨询百科全书》中写道：成功感（feeling of success），又称成功体验，是一个人成功地完成某种活动任务时所产生的一种自我满足、积极愉快的情感。它是由一个活动所达到的效果和一个人在参加该活动时的抱负水平（目标）的高低所决定的。由于抱负水平的不同，在同样的成就面前，有的人可能产生成功感，有的人则可能产生与之相反的失败感。成功感在不同的人身上也可能有不同的情绪表现，有的人感到平静的满足，有的人则感到强烈的兴奋。同时，成功感对人以后的活动的影响也因人而异，有人因成功暂时松懈，有人则努力进取。而这些差异，都来源于一个人已形成的个性特征。

由上可见，成功感是个体在达到自己的抱负水平（即个体自己的目标或标准）后，所体验到的情感。所以说，成功感是主观的，是与自己的标准相联系的。

现实中存在的一个问题是，不是每个人都能体验到成功感。这主要是因为个人的标准定得太高。例如，中学考试时的成功，如果某老师的标准是 80 分，某家长的标准是 85 分，而某学生为自己定的标准是 95 分，结果该学生考到了 88 分。在老师、家长或其他人看来，该学生已经是非常的成功了，但是由于该学生自己的标准是 95 分，成绩与之还差 7 分，他会认为自己没有成功，从而也不可能体验到成功感。

同样的考试，如果另一名学生为自己定的标准是 80 分，结果也考到了 88 分。成绩比自己定的标准高了 8 分，他当然会认为自己是成功的，从而也会体验到成功感。

这不能不引起我们的思考：为什么同样的 88 分，在不同的人看来会有如此大的差异呢？

成功和成功感的联系和区别

（1）成功和成功感是紧密相连的两个问题：事实上的成功（having success）是成功感（feelings of success）的前提，成功感是对成功的体验。但我们应注意由于人们对成功的评价有上述三种参照标准，作为成功感前提的成功主要是指根据个人标准所判断的成功。当然，个人标准也会受到他人的标准和社会大众的普遍标准的影响。

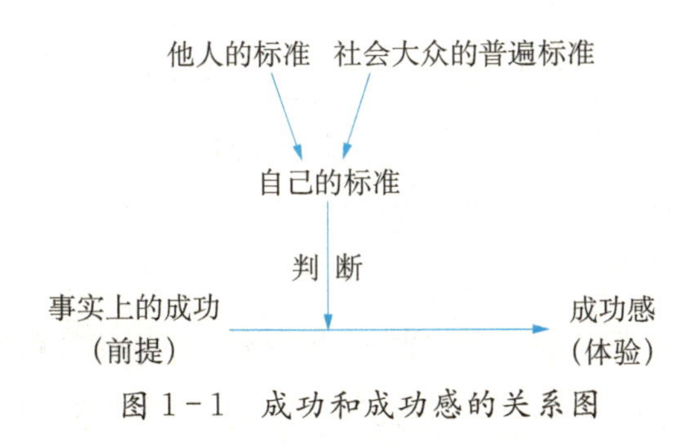

图 1－1　成功和成功感的关系图

(2) 成功和成功感的区别从概念上便可非常清楚地看出：所谓成功，就是达到自己所追求的目标；而成功感则是个体在达到自己的抱负水平（即个体自己的目标或标准）后，所体验到的情感。

笔者对学习成功感的界定与研究

对于学生来说，学习是他们生活中极其重要的组成部分。笔者对学习成功感下了一个操作性的定义，所谓“学习成功感”（Feelings of Academic Success，简写为 FOAS），就是个体意识到自己在学习上成功地接近、达到或超过自己的抱负水平时，所体验到的满意、喜悦、自豪等积极情感。学习成功感包括认知和情感两个成分，主要取决于个体在学习活动时的抱负水平与实际成绩之间的差距，但也会受到他人评价和情境的影响。学习成功感体验的强弱会受到个体的人格特征等因素的影响。

笔者在理论研究的基础上，进行了以下研究：

第一、中学生学习成功感研究

(1) 在理论研究、访谈、开放式问卷等的基础上，研编了学习成功感量表。结果表明：该量表具有较高的信度和效度，可以作为评鉴中学生学习成功感的有效工具；探索性因素分析和验证性因素分析表明学习成功感量表包括：与学习有关的积极情感、与他人有关的积极情感、满意感和学业自我效能感四个因子。

(2) 从人格特质、自尊、心理健康和积极的行为等变量入手，探讨了学习成功感的重要性，分析了不同学习成功感的学生的特点，比较了不同性别和年级的学生的学习成功感。研究结果表明，学习成功感与个体的人格特质、自尊、心理健康和积极的行为都有着非常紧密的联系，学习成功感高的个体表现为较为外向，情绪较为稳定，不容易感到焦虑，也较少表现出固执和粗暴等人格特征，且自尊性较高、心理症状较少、行为较积极；学习成功感低的个体在以上变量上则正好相反。学习成功感的年级差异不显著，但性别差异显著，女生的学习成功感比男生高。

(3) 从情境、抱负和归因等方面对学习成功感的影响因素加以研究，并尝试用结构方程建模的方法将主要的影响因素建构成一个理论模型。结构方程模型的研究结果表明，积极的课堂情境、积极的家庭情境、抱负和归因都对学习成功感有着直接的影响；而且，积极的课堂情境和积极的家庭情境也会通过影响个体的抱负水平和归因方式而间接地影响学习成功感。

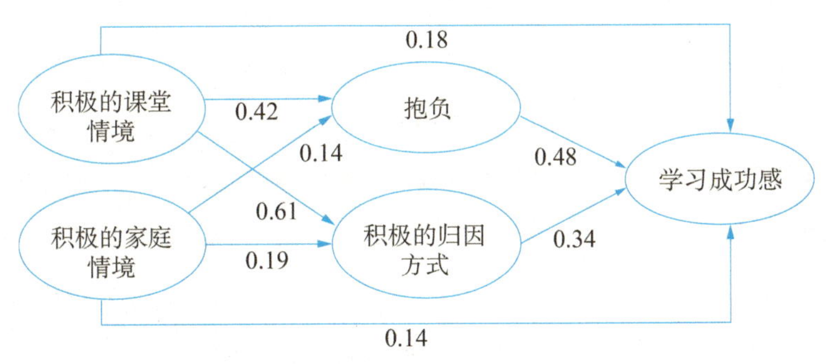

图 1-2　学习成功感与其影响因素的示意图

(4) 提高学习成功感的探索性实验研究。笔者进行了抱负水平指导、归因训练和课堂目标导向三个方面的实验研究，以探索提高学习成功感这一重要的实践问题。研究一的结果表明：通过抱负水平指导，可以使学生的“抱负水平与实际成绩之间的差距”变小，从而帮助学生提高学习成功感，并使其行为变得更为积极。研究二的结果表明：归因训练可以帮助学生的归因向积极方向转化，有助于学生的学习成功感的提高，并可以促使学生的行为向积极的方向转化。研究三的结果表明：在课堂上创设不同的目标情境具有可行性；掌握目标情境、成绩-趋近目标情境和结合目标情境对学习成功感都有比较好的促进作用。

(5) 对学习成功感比较低、归因方式比较消极或抱负水平设置不当的三名典型个案进行了深入研究。研究结果表明，抱负水平的高低、归因方式是否积极和情境是否积极都会直接影响学生的学习成功感；通过抱负水平指导和归因训练，可以有效地提高学生的学习成功感。通过个案研究还发现，对少数学习成功感比较低的典型个体来说，家庭情境对学习成功感的影响非常大。

第二、大学生学习成功感研究

在前期研究的基础上，将学习成功感的研究扩展到大学生群体，相关结果如下：

(1) 在理论研究的基础上，严格按照量表编制的程序，编制了大学生学习成功感量表。研究结果表明，大学生学习成功感量表具有较高的信度和效度，可以作为评鉴大学生学习成功感的有效工具；因素分析结果表明大学生学习成功感量表包括：与学习本身有关的积极情感、与他人有关的积极情感、积极的自我评价和消极的自我评价四个因子。具体内容及测量方法请参见附录1。

(2) 不同性别大学生的学习成功感有显著性差异，女生的学习成功感显著高于男生，该结论与在中学生群体中进行的学习成功感的研究结果是一致的。大学一年级学生的学习成功感与大学三年级学生的学习成功感具有显著的差异，大学一年级学生的学习成功感比大学三年级学生的高。

(3) 学习成功感各因子与诸多变量具有显著的相关，与学习本身有关的积极情感与自尊、正性情感、成功努力归因、成功能力归因、追求成功动机是显著的正相关，与避免失败动机、一般性考试焦虑、强迫症状是显著的负相关；与他人有关的积极情感与成功努力归因、失败努力归因是显著的正相关；积极的自我评价与自尊、正性情感、成功能力归因、追求成功的动机是显著的正相关；与抑郁、避免失败动机、担心考试准备不足、强迫、人际关系敏感、焦虑、症状自评总分都是显著的负相关；而消极的自我评价与自尊是显著的负相关，与抑郁、避免失败动机、考试焦虑是显著的正相关。

心理素质是素质结构中的重要组成部分。由于素质教育的对象，是一个个有主观能动性的人，素质教育不仅是教育研究领域的问题，也是心理研究领域的重要问题。素质教育的实施，必须特别考虑素质教育中的心理问题，考虑素质教育的心理指标。成功感(feelings of success)便可以作为素质教育的一个重要的心理指标。成功感是当人们感到自己已达到或超过自己的抱负水平时所体验到的情感。成功感是与自我评价有关的情感,是否能经常体验到成功感,与每个人的人格发展、心理健康、生活质量密切相关。当前社会强调"以人为本",能否经常体验到成功感,成功感体验的强弱,是个体生活质量、心理健康水平的一项重要的心理指标。对于学生来说,学习是他们生活中极其重要的组成部分,他们在学习中能否经常体验到成功感对他们的学习和心理都有着非常重要的意义。

在现实生活中,成功需要的满足是引发快乐、增强自信的一条重要途径。学习成功带来的愉快、胜任感,可以增强学生的信心,使他们产生新的需要和更浓的学习兴趣。苏霍姆林斯基曾告诫教师:"请记住:成功的欢乐是一种巨大的情绪力量,它可以增强儿童时时学习的愿望,请你注意无论如何都不要使这种内在的力量消失;缺少这种力量,教育上任何巧妙措施都是无济于事的。"现代心理学家们也指出,在现实生活中,情感体验能对人的行为活动产生强化作用。当儿童在某一游戏活动中获得愉快体验时,他会产生反复参加这种活动的行为表现,而当他在该游戏活动中得到的是不愉快的体验时,他便会退出活动,而且在以后参加这类活动时会产生拒绝、抵制的行为表现。一般来说,一个人的行为会因为受到积极的情感体验而得到巩固,同时也会因为受到消极的情感体验而消退。基于这些原因,我们要尽可能为学生创设获得成功体验的情境,进一步促发他们的成功感。

在心理学研究中,情感是一项重要的内容。情感对思维、动机、动作和健康等都有着显著的影响。在当前心理学研究领域中,有三大显著的发展趋势:对情感和动机领域研究的增加;对思维、情感和动机是如何影响行为的研究的增加;对世界上非西方的思维方式(特别是与自我有关)的研究的增加。由此可见,在当前研究趋势中,情感是一个重要的内容。在传统的心理学研究中,几个主要的人格理论取向大多只关注焦虑和抑郁等消极情感,而极少关注如快乐、成功感等积极情感。笔者认为，在人格和情感研究中，消极情感固然是重要的内容，但积极情感更为重要。在当前积极心理学的背景下，学习成功感研究可以极大地丰富心理学中情感研究（特别是积极情感研究）的成果，丰富心理学的内容。

因此，请每位读者都自问一下：自己是如何判断成功的？在生活中是否经常体验到成功感？该如何提高自己的成功感？成功与成功感紧密联系，如何提升自己的心理素质以有助于实现成功的人生？

另外，我们也可以从对他人的观察中来获得启示。请大家思考：

什么样的人生是成功的人生？

如果让你阅读一本名人传记，你会选择哪位名人？

你为什么会选择这位名人？

该名人的心理素质如何？

该名人的哪些心理素质特别值得自己学习？

挫折与抗挫折能力

在人的一生中，不可避免地会遭遇诸多的挫折。心理素质良好的人，往往能积极应对挫折；心理素质不良的人，则可能在挫折中倒下。

从理论领域来看，挫折、抗挫折能力方面的研究问题早在上世纪初就进入研究者的视野，引发诸多研究者的兴趣。而从实践领域来看，当前许多人的抗挫折能力现状并不乐观。近年来现实生活中频频发生的心理危机事件甚至表明，人们的抗挫折能力现状堪忧。在挫折耐受力方面，许多人面对挫折时耐受力差，轻者不能承受挫折带来的痛苦而沮丧悲观、自暴自弃；重者则因一点点情感或其他方面的挫折而抛弃自己宝贵的生命。在挫折排解力方面，许多人并没有良好的排解挫折的方法，遇到挫折只是一味地消极承受，不能积极地排解挫折带来的不良情绪，不会利用积极的挫折应对机制。而在抗挫折成长力方面，不少人害怕挫折、惮于应对挫折，不能从挫折中吸取经验教训，不能从挫折中得到积极的发展和成长。所以，了解一些挫折和抗挫折能力方面的知识，对我们的心理素质与人生发展大有裨益。

挫折

对于挫折的含义，在不少词典和著作中都有解释，如：

《新华词典》将挫折解释为：①事情进行中遇到困难和阻碍；②失败；失利。

《现代汉语词典》将挫折解释为：①压制、阻碍，使削弱或停顿；②失败；失利。

《心理咨询大百科全书》中指出，一般而言，挫折指个体在从事有目的的活动的过程中，因客观或主观的原因而受到阻碍或干扰，致使动机不能实现、需要不能满足时的情绪体验。

《心理学大词典》中指出，挫折（frustration）是在个体从事有目的的活动过程中遇到障碍或干扰，致使个人动机不能实现、需要不能满足时的情绪状态。它可分为：①需求（need）挫折，即不能满足需要时引起；②行动（action）挫折，行动不能实现时引起；③目标（goal）挫折，达不到既定目标时引起；④损失（loss）挫折，失去个人所有时引起。

《简明心理学辞典》中指出，挫折（frustration）有两种含义：(1)个体的动机行动受到阻碍所产生的焦虑、烦恼、愤怒、紧张、困惑等情绪反应；(2)使个体动机行动受阻的情境。

《挫折教育论》认为，挫折的概念有狭义和广义之分。狭义的挫折，专指有目的的活动受到阻碍时而产生的消极情绪反应。广义的挫折，泛指一切能够引起人们精神紧张、造成疲劳过度和心理变化的刺激性生活事件。

对该概念，虽然具体的表述不同，但其核心含义是基本一致的。其中，较有代表性的是《心理咨询大百科全书》中的“挫折是个体在从事有目的的活动过程中,因客观或主观的原因受到阻碍或干扰,致使动机不能实现、需要不能满足时的情绪体验。”挫折心理包括三要素:一是挫折情境,即干扰或阻碍个体意志行动的情境;二是挫折认知,即个体对挫折情境的认知、态度与评价,这是产生挫折和如何对待挫折的关键;三是挫折反应,即伴随挫折认知而产生的情绪与行为反应。挫折情境、挫折认知和挫折反应同时存在时,便构成了挫折心理。有时只有挫折认知和挫折反应这两个因素也会构成心理挫折。

抗挫折能力

抗挫折能力(frustration tolerance),可顾名思义,即个人抵抗挫折的能力。在国内,较多使用挫折承受力、挫折耐受力、挫折容忍力等。最初使用“抗挫折能力”这一概念的是美国心理测验专家罗森茨威格(Rosenzweig, S., 1941)。他给抗挫折能力下的定义是,“抵抗挫折而没有不良反应的能力”,即个体适应挫折、抗御和对付挫折的能力。而Wiebe(1991)认为,挫折容忍力是个体面对失败或困难时,仍然愿意继续坚持下去的一种倾向。

《简明心理学辞典》中指出,挫折容忍力(frustration tolerance)是个人在挫折情景下能承受精神打击而不致人格崩溃的能力。

冯江平(1991)认为:“挫折承受力是指个体遭受挫折后,能够忍受和排解挫折的程度。也即个体适应挫折、抗御和对付挫折的一种能力。挫折承受力包括挫折耐受力和挫折排解力。挫折耐受力是指个体遭受挫折时经受得起挫折的打击和压力,保持心理和行为正常的能力。挫折排解力是指个体遭遇挫折后,对挫折进行直接的调整和转变,积极改善挫折情境,解脱挫折状态的能力。”

张旭东、车文博(2005)认为:“挫折承受力是指个体在遭遇挫折情境时,能否经得起打击和压力,有无摆脱和排解困境而使自己避免心理与行为失常的一种耐受力。亦即个体适应挫折、抵抗挫折和应对挫折的一种能力,故又称挫折容忍力。”

心理弹性

与抗挫折能力较为相关的一个概念是心理弹性。心理弹性(resilience,也有译复原力、压弹、抗逆力、韧性、情绪弹性等)指人的心理功能不仅没有受到严重压力或逆境的损伤性影响而且还得到发展的心理现象。心理弹性是一个含义非常广泛的概念,心理学界对于心理弹性的定义至今仍然存在分歧。Masten, Best & Carmezy(1990)认为心理弹性分为三类:第一类指"克服逆境";第二类指面对急性或慢性生活压力,个体未受到消极的影响而且成功地应付了这些压力;第三类指经历创伤后的恢复,即个体没有因为创伤而被打倒。尽管对心理弹性的提法不同,但该概念都包含了两个方面,即:(1)经历过重大的消极生活事件;(2)能从重大消极生活事件中恢复或积极适应于逆境并发展良好。而从相关量表的测量对象来看,西方常用的自我韧性量表是用于测量个体根据挫折和应激情境的需要而调整自己行为的能力;而 Connor-Davidson 韧性量表则是用于测量有利于促进个体适应逆境的积极心理品质的。

从以上叙述可见,抗挫折能力和心理弹性二者有交叉、重叠的成分。但是,二者也有明显的区别:第一,心理弹性的内涵和外延都较为宽泛,指向困难、挑战、应激、挫折、压力、逆境等;而抗挫折能力的含义较为具体、明确,即是特指挫折;第二,心理弹性强调恢复,而抗挫折能力在程度上不止是复原,还强调进一步的发展;第三,从字面意义看,心理弹性对于大众而言,理解稍困难,可能会有歧义;而抗挫折能力含义明确,易为大众理解。

笔者对抗挫折能力的界定

笔者认同前人对抗挫折能力的认识,也从心理弹性等概念中获得启示。而且,在调研过程中,认识到抗挫折能力的含义除了包括挫折耐受力和挫折排解力,还应该包括挫折成长力,即除了耐受挫折、排解挫折,还要善于从挫折中吸取经验教训，从挫折中成长。所以，笔者进一步将“抗挫折能力”这一概念界定如下：抗挫折能力是个体抵抗挫折的能力，包括挫折耐受力、挫折排解力和挫折成长力，即个体能耐受挫折、排解挫折，并能从挫折中成长的能力。挫折耐受力是指个体遭遇挫折时能经受住挫折的打击，保持心理和行为正常的能力，即“能忍耐”。挫折排解力是指个体遭遇挫折后，对挫折状态和挫折情境进行有效排解，使自己的情绪和生活等尽快恢复正常的能力，即“能排解”。挫折成长力是个体在遭遇挫折后，能从挫折中吸取经验教训，获得心理上成长的能力，即“能成长”。此即抗挫折能力的三方面含义。

在生活中了解一些挫折和抗挫折能力的知识会帮助我们对人生的挫折有所防范。挫折难以避免，抗挫折能力是心理素质的重要方面。在人一生的发展过程中，对挫折、抗挫折能力的思考，再多都不为过。

因此，请读者自问：

我曾遇到过哪些难以忘怀的挫折？是什么时间的事情，主要原因是什么，我当时是怎么应对的，现在回首那些挫折还像当初那么难受吗？

一般来说，我的抗挫折能力如何？

我在人际交往方面的抗挫折能力如何？

我在恋爱方面的抗挫折能力如何？

我在学习方面的抗挫折能力如何？

如何提高自己的抗挫折能力？

抱负水平

前已提及，成功感是个体在达到自己的抱负水平（即个体自己的目标或标准)后,所体验到的情感。抱负水平与"心理素质与人生"有着密不可分的联系。

抱负水平(又称志向水平,level of aspiration)这一概念最初是由 Hoppe(1930)提出的,指主体对实验任务的期望和目标。Hoppe 指出,主体的抱负水平在一项任务中并不是固定不变的,它会随工作的成功而提高,随工作的失败而下降。以后,Frank 进一步将该概念定义为人们在从事熟知自己过去成绩的活动时,想象将来达到的水平。他指出:抱负水平和过去成绩水平之间的关系依赖于"保持高抱负水平的需要、使抱负水平尽可能接近成就水平的需要、避免失败的需要"这三大需要的相对强度。Frank 认为,一般来说个体所设定的目标比对自己的能力评估高,比自己意欲达到的最好成就低。Kurt Lewin(1944)提出了积极目标差异(positive goal discrepancy)这一概念。他认为个体的抱负水平一般比他近期的成就高一些。Lewin 还发展了以抱负水平研究为背景的合成价效理论。抱负水平被典型地定义为:"个体明确地知道他在过去承担任务中所达到的成绩水平,并确定自己在未来相似任务中的成绩水平。"因此,抱负水平属于一个人对期望实现的目标的追求和觉察到目标实现的难度。

抱负水平的序列,可以分为四个阶段。见下图:

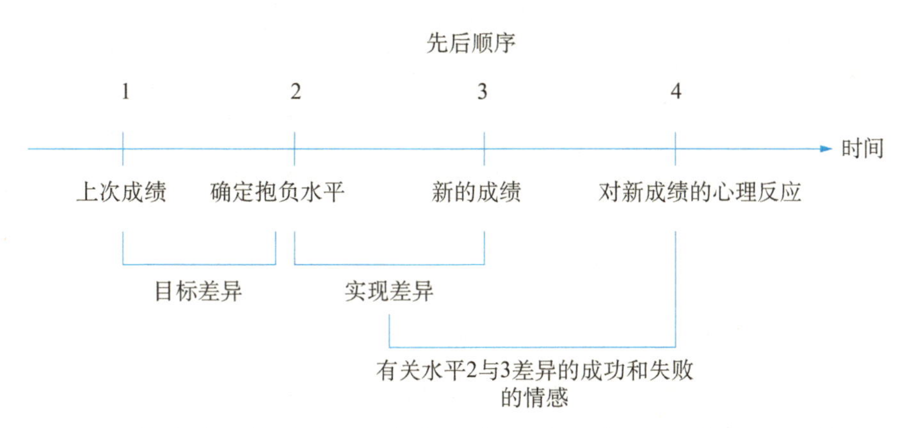

图 1-3　抱负水平情境的四个主要序列:上次成绩、确定抱负水平、新的成绩、对新成绩的心理反应

许多明显的经验性结论印证了抱负水平的研究。成功和失败的情感基本上取决于实现或不能实现个人所追求的目标，而与绝对的成绩水平相关不大。成功和失败的知觉包含了主观的而不是客观的实现水平。另外，后继的抱负水平会部分地取决于先前主观成功或失败造成的实现差异。在大多数的实例中，随着成功之后目标水平增加，随着失败之后目标水平降低。然而，经常可以观察到一种“反常的”反应，那就是，有时候个体在达到目标之后会降低他的抱负水平，而在失败之后却会提高。这一“反常的”反应显示出抱负水平受到个体差异、群体标准，以及文化因素的影响。例如，能力高的个体，或那些被归类为有抱负的个体，倾向于确立高的抱负水平。此外，抱负水平的确立还受到与群体的目标和行为相一致倾向的影响。

有研究者发现，如果个体在刚结束的任务中体验到成功，或预期在将要执行的任务中获得成功，动机便会增强。某些与任务性质本身有关的变量会影响个体的抱负水平。如果任务与个体的自我印象有关，个体就会在随后的任务中选择困难的成就目标；反之，在结束与自我印象无关的任务之后，个体的成就期望往往会降低。在一项任务中确定困难、适中或容易的成就标准，若与创造力有关，则会影响目标和期望。在完成任务过程中，个体是否接受了言语劝说也会影响其目标和期望。

对抱负水平所进行的研究，大致可以分为两类：第一类是将抱负水平定义为个体在实验情境内的近期目标；第二类则是将抱负水平定义为个体的远期目标。由于对抱负水平下的操作定义不同，就可能有不同的研究结果。

第一类研究如：个体早期成绩影响他对相同任务的估计。个体如果在一个概念形成任务的前一阶段获得高分，则会预期在下一阶段也获高分。如在涉及反应时间的敲键盘任务中，个体成绩若等于或好于特定目标时间（时间越少，任务完成越好），他便会在下一任务中减少目标时间，这与积极目标差异的概念是一致的。

有研究比较了在问题解决任务中高成就者和低成就者的抱负水平，并研究了性别对抱负水平的影响。实验程序是:回答期望达到的教育方面的最高成就→完成问题系列A→反馈→估计能正确回答问题系列B的题数→完成问题系列B。根据问题系列A的成绩,学生被分成两组,即高成就组和低成就组。结果表明:(1)对问题系列B成绩的估计,高成就者显著高于低成就者。此结论与诸多研究都是一致的,他们都证明了被试在前一项任务中成就的高低会影响他在下一任务的抱负水平;(2)对问题系列B成绩的估计,男性高于女性,表明男性比女性更期望建立并获得更高的成就;(3)问题系列A的反馈对问题系列B有影响。低成就组在问题系列B的成绩比问题系列A高,而高成就组在问题系列B的成绩比问题系列A低,此成绩差异极其显著。即在问题系列A中的低成就者,在问题系列B中成绩有所提高;而问题系列A中的高成就者,在问题系列B中成绩有所下降。这表明,在完成实验任务的过程中,个体的改变趋势。有趣的是,低成就者之所以形成了积极的目标差异,是因为他们所估计的自己在问题系列B中的成绩比他们在问题A中的实际成绩高。这与几十年前Lewin所作的研究结果一致。低成就者尽管没有达到所预期的目标,但他们在问题系列B中的成绩确实得到了提高。相比之下,高成就者没有确立一种积极的目标差异,他们对问题系列B的预期略低于在问题系列A中的成绩。在该研究中,高成就组不仅没有提高抱负水平,而且在问题系列B中实际成绩也大为降低。这说明在某些情况下,会出现避免失败的需要比获得成功的需要强烈的现象。对这一趋势的进一步调查研究似乎能使我们更好地理解抱负水平和成就之间的关系。(4)学生的长期教育期望与对问题系列B成绩的估计之间的相关性极低。这一结果可能是因为个体的能力差异、控制源差异、或者学生的远期抱负水平与在某一具体任务上的近期抱负水平是两种完全独立的变量。研究者发现,远期抱负水平并不影响学生对第二阶段成绩的估计(即其近期抱负水平)。近期抱负水平似乎只是局限于一定的任务中,而与个体的远期的期望无关。

还有研究调查了无家可归的学龄儿童,其无家可归的时间长短对其抱负水平的影响，研究了无家可归对成就意识和希望获得成功的影响。被试是纽约一家福利旅馆的49名儿童，年龄区间为5岁8个月到13岁。他们根据韦克斯勒儿童智力量表第三版设计了一种障碍设计测验，用于估计儿童的认知能力。该测验包括五种不同困难程度的项目。结束此测验后，要求儿童们选择他们愿意再次尝试的模式，则他们所选择的项目的难度级别，将被看作是他们的抱负水平的得分。在这个研究中还使用了瑞文测验，作为认知能力的控制测验。结果表明，儿童无家可归的时间长度与抱负水平呈显著负相关（r＝－0.41，p＜0.05）；抱负水平的得分与障碍设计测验（r＝0.43，p＜0.05）和瑞文测验（r＝0.48，p＜0.01）有显著正相关。为了进一步研究无家可归时间长短对儿童的影响，研究者还使用了主题统觉测验。随机抽取了4个在年龄、种族、认知能力等方面相似的儿童，其中两个儿童无家可归的时间在四个月以内，另两个儿童无家可归的时间在一年以上。结果主题统觉测验结果表明，无家可归时间长的两个儿童，几乎没有现实的期望、目标、计划、问题解决、未来取向，他们有的只是失望、无助、暴力、背叛和死亡。而其中无家可归时间最长（两年）的儿童最严重。相反，无家可归时间短的儿童表现出抱负、希望、对将来的幻想及对希望的反应，且两个儿童的在故事描述中都出现了母亲来支持与推动他们实现理想，他们对未来怀有自信及热情。尽管不能将抱负水平的差异全归因于无家可归时间的长短，但这几个例子表明无家可归对儿童的影响是不良的，它限制了儿童成功的感觉，降低了对未来成功的期望。无家可归儿童抱负水平的降低严重地影响了他们应对当前情况的能力，也影响了他们面对未来挑战的能力。临床心理学家们认识到为了成功地处理损伤性事件，个体必须对未来抱有比较美好的希望，必须具有达到目标的强烈愿望。这个过程涉及接受理想自我与现实自我的差异。如果无家可归儿童不能随着时间推移逐渐提高抱负水平，而是停滞于当时的水平，他们则很难超越当时的不良状况。很显然，以上两项研究都属于抱负水平的第一类研究，即，将与具体实验情况相联系的对自己成就的估计——较近期的目标，作为抱负水平。

第二类研究如：有研究发现在抱负水平量表上男性的得分高于女性。然而，也有研究发现学习成绩优秀的女高中生的抱负水平高于学习成绩同样优秀的男生。不考虑学习成绩，则在低焦虑的学生中，女生较男生有更高的抱负水平。而且，有研究发现，学习成绩和社会经济状况影响抱负水平，中等社会经济状况的男生和女生都比高社会经济状况的学生具有较高期望。在这些研究中，抱负水平这一术语指的是学生的远期教育目标，而不是在具体实验情境中的成绩估计。

20 世纪 80 年代中期，大批埃塞俄比亚移民迁往以色列，其中包括 3 000 多名儿童。开始，在以色列教师看来，这些埃塞俄比亚学生是聪明而好学的。然而不久之后，尽管这些埃塞俄比亚学生的智力仍然很优秀，但他们的进步却很明显地落后于以色列教育系统的期望。在这一背景下，有人研究了以色列教育系统中埃塞俄比亚移民的成就动机和抱负水平。结果表明，埃塞俄比亚学生的抱负水平得分显著地高于以色列学生的抱负水平得分。该研究的主要结果是：成就动机中的元素如：高抱负水平、延迟满足的能力和服从，有助于埃塞俄比亚学生在学校获得成功。而另外一些元素，如传统化、限制个人创造、外控等则会阻碍埃塞俄比亚学生在以色列学校的成功。因此，与以色列学生相比，埃塞俄比亚学生的高抱负水平仅仅只是成就动机的一个方面，而在其他许多方面是远不如以色列学生的。高抱负水平与成就动机中其他元素之间的差异说明了埃塞俄比亚学生在经历最初时期的成功之后陷入学业进展缓慢状态的原因。

另外，态度和行为之间的关系一直都是教育和心理学家们关注的问题。特别是在过去几十年的研究中，有许多致力于探讨对学校的态度和学习行为的关系。但过去的许多研究，对态度定义不明确，甚至将自我效能等方面的测题也包括进来，故得出了许多矛盾的结论。有研究发现学科态度与成就之间有显著相关，而另外的一些研究认为二者并无相关。因此，有研究者用结构方程建模程序（SEM）检验了态度、抱负水平和成就之间的因果关系，并建立结构模型。被试是从加利福尼亚州综合中学随机抽取的 280 名学生。他们测量被试对四门学科(英语、数学、科学、社会研究)的态度及对学校的态度,然后进行阅读、写作、数学的标准测验。量表由 14 个利克特项目组成,其中有一个项目是用来测学生的抱负水平的:"你认为你在学校最好能达到何种程度?"对此项目,学生必须从 8 个选项中作出自己的选择。8 个选项从"进入高中,但不毕业"(1 分)到"获得大学教育以上的学位"(8 分)。可见,此项研究属于抱负水平的第二类研究。结果表明:(1)学科态度对抱负水平有重要的影响,若学生们认为四门学科对自己的现在和将来都很重要,则有高抱负水平。(2)学科态度对成就只有很小的直接影响。然而,学科态度通过抱负水平则对成就有显著的影响。(3)抱负水平对成就有显著影响,高抱负水平的学生有较高成就。该研究的结果对继续讨论自我增强和技能发展途径具有重要意义。该研究的结果也支持"在教育中应努力对学科持积极态度"的说法。根据该研究的结果,如果脱离学生的抱负水平,而讨论态度与行为的关系是无目的和无效率的。与抱负水平相比,学科态度是较间接的促进学业的因素。即,学科态度积极带来高抱负水平;而高抱负水平带来好成绩。抱负水平对成就有显著的直接影响,是态度和成就的中间变量。

近年来关于抱负水平的研究,得到了许多有益的结论,也在研究方法上有不同的尝试,从而丰富了心理学的研究,也对教育的开展和社会问题的解决起到了有益的启示作用。然而,相对于心理学的其他许多问题而言,关于抱负水平方面的研究是非常薄弱和欠缺的。而抱负水平对个体的心理活动、心理发展有着重要作用,抱负水平是个体人格结构中起驱动作用的一个重要因素,它可以激发个体在遗传、环境、教育等诸多变量作用下获得或形成能力。低抱负水平是一种禁锢,是个体获得成功的障碍;高抱负水平有助于个体获得各种成功,但若抱负水平太高,又会给个体的心理带来太大的压力。而且,对我们每个人来说都非常重要的成功感和失败感与个人的抱负水平密切相关。成功感会使以后的抱负水平提高,失败感会使以后的抱负水平降低。

因此，请读者自问：

我的抱负水平如何？是低，还是高？

目标设置

目标(Goal)与抱负水平(Level of Aspiration)其实是非常类似的概念，但因为提法的不同，有不同的研究者在不同的领域对这些概念进行着侧重不同的研究。

对目标的研究，是从20世纪30年代起就开始的。Mace(1935)是研究不同类型目标对任务绩效的影响的第一位学者，但他的研究大多被人们忽视了，只有Ryan和Smith在其工业心理学教材(《*Principles of industrial psychology*》，1954)中引用了Mace的研究。Locke，E. A.在前人研究的基础上，于1968年正式提出目标设置理论(Theory of Goal Setting)。Ryan(1970)指出："人类行为受有意识的目标、计划、意图、任务和喜好的影响。"此后，基于Ryan的"有意识的目标影响行为"这一观点，大量学者进一步研究了目标和任务成绩水平之间的关系，使目标设置理论的内容日趋丰富和完善。

目标的机制

目标设置理论方面的研究认为目标通过四种机制影响成绩。首先，目标具有指引的功能。它引导个体注意和努力趋近与目标有关的行动，远离与目标无关的行动。有具体学习目标的学生对与目标有关的文章的注意和学习均好于对与目标无关的文章的注意和学习。第二，目标具有动力功能。较高的目标比较低的目标更能导致较大的努力。第三，目标影响坚持性。当允许参与者控制他们用于任务上的时间时，困难的目标使参与者延长了努力的时间。第四，目标通过导致与任务有关的知识和策略的唤起、发现或使用而间接影响行动。

研究重点和主要的研究结果

目标设置理论的研究重点在于：(1)高效率目标的主要特性，如目标明确度、目标的困难水平；(2)对学习目标和成绩目标[①]的恰当应用；(3)影响目标效应的因素；(4)不同目标来源(如分配的目标、自我设置的目标或参与设置的目标等)的影响。Locke 等认为目标设置的作用非常可靠。如果目标的效应不能得到重复，通常是由一些错误的操作而引起，如没有提供反馈，没有得到目标承诺，没有测量被试的个人目标，没有传授任务知识，当环境具有不确定性时没有设置目标，或目标的困难度不够高等。他们认为目标无论是分配的、自我设置的、还是参与设置的，都有重要的作用。

在多年的实验研究中，目标设置理论方面的研究结果主要集中于：(1)目标困难程度和成绩的关系。大家都知道，Atkinson(1958)指出任务的困难程度与成绩呈曲线的反比函数关系。当任务是中等程度困难时，产生最高水平的努力；当任务非常容易和非常困难时，产生最低水平的努力。但 Locke 和 Latham 等(1990)提出了不同的看法，他们认为 Atkinson 没有测量个人的成绩目标或目标困难程度。而且，如果测量任务的成绩目标，Atkinson 的调查结果并不能得到重复。Locke 等认为任务的困难程度与成绩之间呈正的、线性函数关系，即最

① 成就目标的早期研究主要关注两种个体目标类型：学习目标(learning goals)和成绩目标(performance goals)。学习目标取向的学生将注意力集中于学习和理解，而成绩目标取向的学生将注意力集中于试图做得比别人好，并显示自己的聪明。也有研究者提出类似的概念，如掌握目标(mastery goals)和成绩目标(performance goals)、任务卷入目标(task-involved goals)和自我卷入目标(ego-involved goals)。

高的或最困难的目标产生了最高水平的努力和成绩。仅仅在到了能力的最大限度或对非常困难的目标的承诺终止或失效时，成绩水平会下降。(2)具体的困难目标与常用的劝告(即“尽最大努力”)之间的效果差异。Locke 等指出，与“尽最大努力”相比，具体的困难目标经常导致较好的成绩。简言之，当人们被要求尽最大努力时，他们并没有尽最大努力。这是因为“尽最大努力”这一目标没有外部的参照，所以每个人对它的界定都可能不同，这就使可接受的成绩水平的范围变得很大。而当目标很具体时，则不会出现这种情况。(3)目标研究还比较了学习目标(learning goals)与成绩目标(performance goals)之间的差异和近期目标与远期目标之间的差异。

目标设置理论的基本元素和高绩效循环模式

在多年研究的基础上，Latham，G. P. 等(2002)提出目标设置理论的基本元素和高绩效循环(High Performance Cycle)模式，见下图：

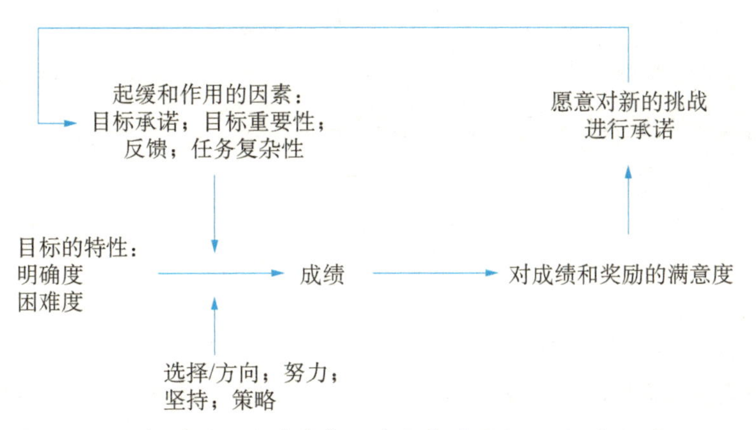

图 1-4　目标设置理论的基本元素和高绩效循环(High Performance Cycle)模式

从图中可见，目标的特性(明确度、困难度)直接影响成绩；成绩影响个体的满意度；对成绩和奖励的满意度又会促使个体对新的挑战进行承诺。但目标和成绩之间关系会受到目标承诺(goal commitment)、目标重要性、反馈、任务复杂性、努力、策略等的影响。

当人们承诺要达到某目标时,目标和成绩的关系最为密切。当目标很困难时,承诺显得最为重要和相关。这是因为对个体来说困难的目标比容易的目标要求更多的努力,而且困难的目标与较低的成功机会相联系。使个体更容易承诺要达到某目标的因素是:一是目标达成对个体的重要性,包括结果的重要性;二是自我效能感。自我效能感可以增进目标承诺。领导者可以通过对下属进行充足的训练、角色模仿和劝导性的交流等方式来提高下属的自我效能感。

为了使目标有效,人们需要简明的反馈以了解自己的进步状况。如果不知道自己做得怎么样,则难于(甚至不可能)调整努力的水平和方向,或难于调整策略以应对目标的要求。目标加上反馈比单独的目标更为有效。

任务复杂性也会影响目标与成绩之间的关系。随着任务的复杂性增加,目标的作用依赖于发现适当的任务策略的能力。由于人们对恰当的任务策略的发现能力差异很大,所以目标设置的作用在复杂任务上比简单任务小。由于人们在复杂任务上比在简单任务上使用更多种多样的策略,所以任务策略与成绩的相关通常比目标困难程度与成绩的相关更高。而且,通常存在目标—策略相互作用,当使用有效的策略时,目标的作用最大。

目标和满意感

目标是个体行动所指向的对象或结果,以及判断是否满意的标准。关于目标和满意感的关系,最容易做的预测是:个体达到目标,体验到的成功越大,体验到的满意感程度则越高;如果未达到目标或失败了,则会体验到不满意。这些结论遵循一个规则,即目标是评价成绩的价值标准。Lewin 曾指出成功感和失败感并不依赖于个体达到的绝对的成就水平,而是依赖于与个人标准(即个人目标)相关的成绩。这个标准便是个体的抱负水平。抱负水平是用来评价成绩的价值标准，如果超过了这个标准，个体体验到成功，并感到高兴和满意；如果个体没有达到这个标准，则会体验到失败、不高兴和不满意。

目标成功和满意感之间的关系是极其稳定的，许多研究均提供了有力的证据。从这些研究中得到一个结论是成功和满意感之间的相关平均为 0.51。成功被定义为达到成功的数目，或目标和成绩之间的差异程度。当个体做得很好，他不仅对成绩感到满意，而且将积极的情感推广到任务中，如比以前更喜爱这任务。但人们很可能产生的疑问是：如果目标是用于评价成绩的标准，为什么成功和满意感之间的相关不是 1.0？对此，有不少研究进行了验证：第一、也是最明显的一点，是测量误差。这在被试间设计[①]中特别可能出现，因为不同的被试可能对量表分值有不同的理解。这种误差可以通过使用被试内设计[②]而减小。测量误差还来自被试经常使用多个标准去评价他们的成绩，而在实验中是假设被试只使用一个标准去评价成绩。第二、不同时间内标准的变化。成绩和满意感之间的关系是动态的，而不是静止的。成功是在什么时间取得的，也会影响满意感。第三、成功对个体的重要性。第四、成功的程度。个体对超出目标许多会比刚达到目标感到更满意。考虑到个体成绩和目标之间差距的研究，会比只研究个体成功或失败的研究得到更高的成功和满意感之间的相关。第五、归因。人们有将成功归因于自己，而将失败归因于他人的倾向。这种归因会影响个体的满意程度。如果个体将成功归因于自己的能力可以增加满意感；将成功归因于运气或任务则容易降低满意感(Weiner，1986)。归因也会影响个体未来对成功的期望。

---

① 被试间设计(between-subjects design)，是指要求每个被试(组)只接受一个自变量水平的处理，对另一个衩试(组)进行另一种自变量水平处理的实验设计。被试间设计的优点是可以避免练习效应和疲劳效应等由实验顺序造成的误差，但缺点是需要被试数量大，不能排除个体差异对实验结果的影响等。

② 被试内设计(within-subjects design)，是指每一个(或每一组)被试都接受自变量的所有水平的实验处理的实验设计。被试内设计的优点在于所需要的被试数较少，可以减少个体差异对实验的影响，但有练习效应、疲劳效应等造成的误差。

以上不同因素对目标成功和失败后满意和不满意体验程度的影响，可用图示如下：

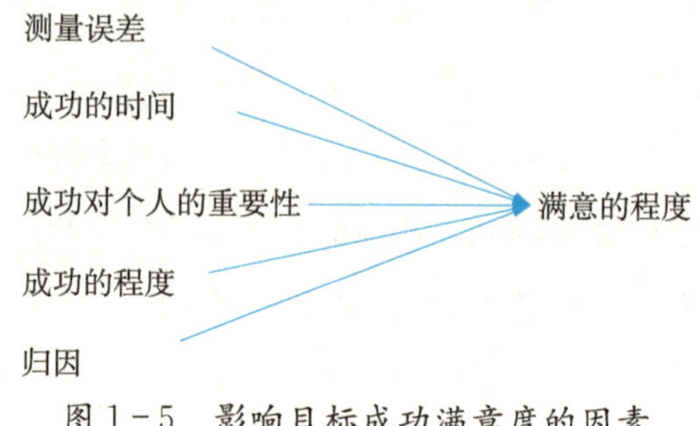

图 1-5　影响目标成功满意度的因素

根据目标设置理论，在有目标承诺、反馈、自我效能、适当的策略等条件下，目标越高、越困难，则成绩越好。然而，目标越困难，则越不可能达到，也越不可能产生满意感。成绩和满意度与目标困难度之间的关系可用图示如下：

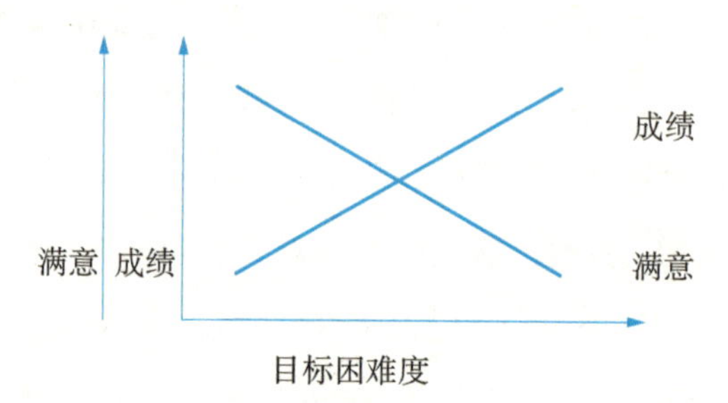

图 1-6　成绩和满意度与目标困难度的关系

从图中可见，目标困难度越低，满意度越高，但成绩越低；目标困难度越高，成绩越高，但满意度越低。对这种矛盾的解决办法是：(1)设置中等难度的目标，即设置有挑战性的，但最终能实现的目标；(2)将目标困难度定义得更宽广一些，如成功的可能性，成绩水平，达到目标所需要的思考、努力和使用技能的程度，任务的数量等。

总之，目标设置理论经过多年的发展，已经取得了丰富的研究成果，形成了一套比较成熟的模式，是心理学中的非常有效和实用的理论。

以上所列举的几个概念都是心理学中的重要概念，而且，这几个概念与心理素质与人生有着紧密的联系。良好的心理素质有助于我们确定恰当的抱负水平或生活目标，应对生活中的种种挫折，提高抗挫折能力，经常体验到成功感，并实现成功的人生；相应地，成功的人生也反映了我们良好的心理素质，在面对人生中难以避免的挫折和困难时，不同的抗挫折能力体现出不同的心理素质。心理素质与人生紧密相联。希望通过对以上概念的学习，可以帮助大家对心理素质与人生有着更为深入的、更深层次的思考。

2

认知篇

认知风格早知道

认知风格，也称认知方式，是个体在信息加工过程中表现出的个性化的和一贯性的偏好方式。或者可以说，是个体在感知、记忆和思维等心理过程中经常采取的、习惯化的方式或特有的风格。关于认知风格，比较著名的是美国心理学家赫尔曼·威特金（Herman Witkin，1964）提出的，人们在加工信息过程中存在着场依存和场独立两种认知方式。场依存是指人们在加工信息过程中，倾向于依赖外在参照物或以外部环境线索为指导；场独立则是指人们倾向于凭借内部感知线索来加工信息。具体来说：

场依存性的人较多地受他所看到的环境信息的影响，知觉判断缺乏独立性，易受环境因素和其他人的影响，容易受暗示，从众，性格温和顺从，对于完成需要找出问题的关键成分和重新组织材料的任务感到困难。其行为是以社会定向的，社会敏感性强，爱好社交活动，积极参与人际交往等，较适合社会工作、服务行业公益事业等方面的职业。

场独立性强的人较多地受身体内部线索的影响，知觉判断时较少受周围事物干扰。这种认知方式的人能清楚地将自我的需要和价值观与他人区分开来，能够明确地区分自我与周围环境的界限，善于分析环境，不易受环境干扰。其行为是非社会定向的，社会敏感性差，不善于社交，自信、自尊心强，关心抽象的概念和理论，喜欢独处等。对抽象理论较有兴趣，平面和立体几何可能学得比较好，适合工程技术及艺术创作方面的工作。

如果说，以上在网络、书本中容易找到的信息可以给我们一个大致的认识，这次在哈佛访学期间所做的认知风格方面的实验，则给了我无比感性的认识。人们在认知风格上，真的是表现出如此的不同和差别呢。

我在访学期间，有好几个月的时间，都是每天上午、下午在实验室等待哈佛的本科生过来做实验。实验的题目就叫认知风格实验(Cognitive Style Study)。

棒框测验

我们做的其中一个实验叫做棒框测验(Rod & Frame Test)。棒框测验在心理学中挺有名，学过心理学的人即便没有亲自尝试过，但也一定都会知道。该测验主要是用于测量个体在不同情境下判断物体垂直的能力如何。不同的实验其实验仪器可能稍有不同，但大都是在一个箱子里，有一个正方形的框，框内有一根棒。主试可以调节框的角度，使它向左或向右倾斜；也可以调节棒的角度，使它向左或向右倾斜；主试可以单独调节框和棒的倾斜角度，也可以同时调节框和棒的倾斜角度——或者是向相同的方向调节，或者是向相反的方向调节。在每一次调节框和棒的角度后，打开被试面前的帘子，让被试根据房间的墙壁来判断棒是否垂直(当然，在整个实验过程中，被试的头是固定于实验仪器前，不能随意乱动的)。如果被试认为棒是倾斜的，则告诉主试以顺时针或逆时针的方向来调节棒的位置，一直到被试认为棒垂直为止。这样，我们就可以知

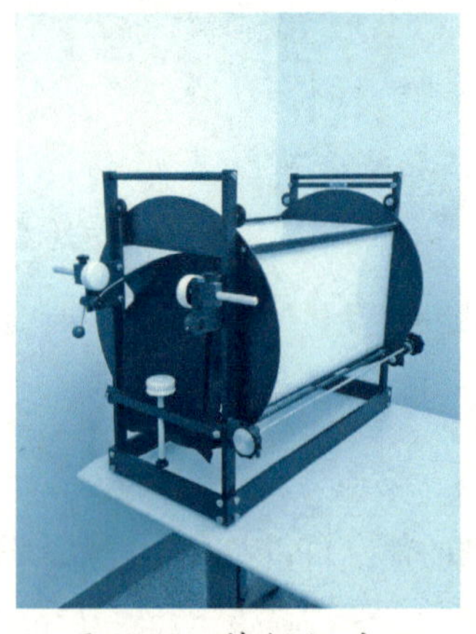

图 2-1　棒框仪外观

图 2-2　被试视角的棒与框(棒是垂直的)

图 2-3 被试视角的棒与框(棒是倾斜的)

道被试在不同环境下(即在框的倾斜角度不同的情况下)判断物体是否垂直的能力如何,以了解其认知风格。当然,场依存性的人容易受到框的倾斜角度的影响,不能很好地判断棒是否垂直;而场独立性的人不容易受到框的倾斜角度的影响,能很好地判断棒是否垂直。

我自己是一个场独立的人,我觉得这测验太简单了,难道还有观察不出的人?直到真正参与做实验时,我才惊讶地发现:真的就是有那么些人,他们并不能很好地判断。我还记得有一次,连续两位被试都是在棒还在非常倾斜的时候,大概是 28 度的倾斜,她们就认为棒已经是垂直了。我简直有点不敢相信。在测验结束后,我问她们是否是参照房间的墙壁。她们回答说,是的。于是,我不得不相信,的确是有人不能很好地判断。他们在判断时非常容易受框的倾斜角度的影响,他们是容易受环境影响的人。而且,每位被试在参与棒框测验时就只需要重复 8 次回答,一般人是没有任何问题的,觉得能忍受的,但也有少数人会觉得这样的测验让自己头晕,想要尽快结束这样的测验。

图形镶嵌测验

我们做的另外一个测验叫图形镶嵌测验(Group Embedded Figures Test)。各位请看图,图形镶嵌测验就是先看一个简单的图形,然后,从复杂图形中找出简单图形,并注意简单图形与图例要大小一样、方向一样。之后,用铅笔勾画出来就可以了。

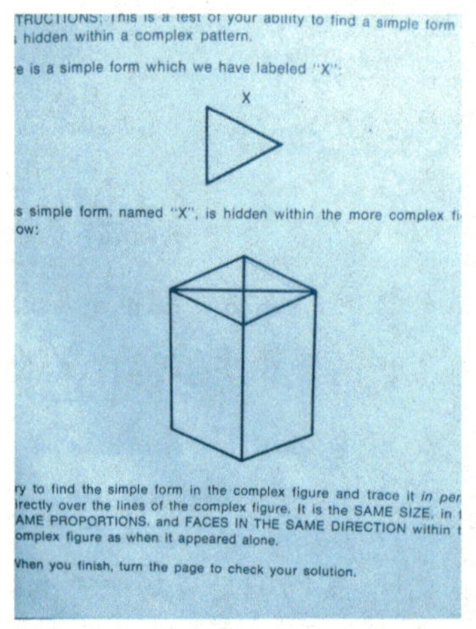

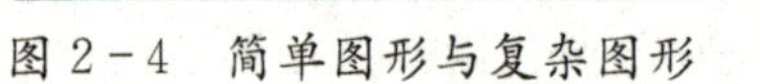
图 2-4　简单图形与复杂图形

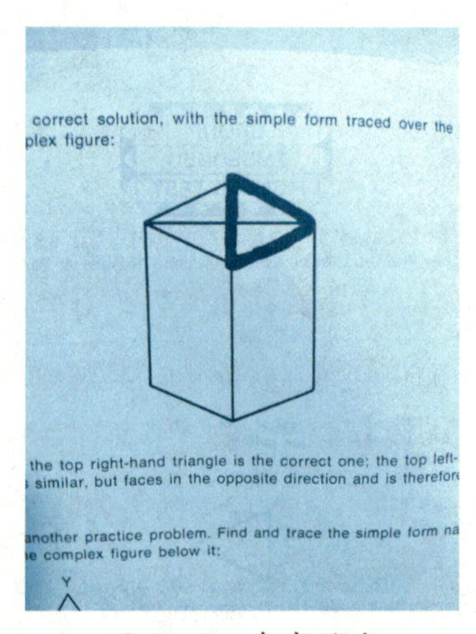

图 2-5　参考答案

这个测验并不复杂。虽然这个测验有时间的限制,许多人不能在规定时间内全部正确完成,但如果时间充分,大多数的人是能正确完成的。但是,我就遇到过那么几位,我猜想即便给他们多几倍的时间,大概他们也不能画出正确的图形。他们所勾画的图形,要么是方向相反的,要么是形状几乎完全不同的。在让被试完成实验的过程中,这样的被试给了我太大的震撼。我简直难以相信:他们居然能画出这样的图形?可是,这是事实。

我们的实验内容挺丰富的,还有不少网上的问卷需要完成。在此不一一介绍。

认知风格的实验给了我不小的触动，我是在实践中感性地认识到人与人之间在认知风格上的不同。我想，作为哈佛大学的本科生，应该是非常非常不错的学生了。可是，居然在这样简单的测验上表现如此。那么，这又说明什么问题呢？我想，这至少可以说明，即便某人在某一方面很差，也不会直接影响个人的成就。

不过，这样的学生毕竟只是少数。大多数学生的表现是非常棒的。在图形镶嵌测验上，许多学生不仅做得完全正确，而且费时很少，在时间还剩将近一半的时候就完成了。

这只是几个小小的测验，前后大约两个小时的时间，我所接手测试的这些学生的确是表现出了很大的不同。有的人给人感觉认知事物非常麻利，理解问题快、做事快，较为独立、有主见的样子；有的人则让人感觉动作慢，做事较为犹豫的样子。

毕竟，一个人的认知风格的确会对生活中的诸多方面产生影响。有许多研究表明，认知风格的影响遍及个体心理活动的全部领域，它不仅表现在认知过程中，也反映在个性心理特征方面。也有人认为，认知风格与状态情绪密切相关，认知风格对个体的职业有不同的影响，对竞技体育也有一定的影响等。

笔者认为，认知风格与我们的人生有着这样那样的联系。如果我们能早一点了解自己的认知风格，了解自己可能的处事方式，则可以让我们更为便捷地在生活中应对自如。

接受自我有多难？

以前在国内做心理咨询时，经常会遇见对自己长相不满意的人。有人嫌自己皮肤不够白，有人嫌自己睫毛不够长，有人嫌自己鼻梁不够挺，有人嫌自己个子不够高，有人嫌自己太胖等等，真的是难以一一列举。

到了哈佛后，日日在校车上近距离观赏美国的同学、老师，日日欣赏白种人的白皮肤、长睫毛，黑种人的黑皮肤、卷毛发，以及他们瘦削的脸庞、男生浓密的胡子……感觉许多外国人从长相上看起来是多么的类似啊。我突然有种冲动的想法——真该把那些对自己长相不满意的人抓到哈佛来，到校车上仔细观赏周围的人们。看得多了，你就会觉得那些长相什么的其实并没有自己想象的那么重要。长相是天生，是难以改变的。白皮肤、长睫毛、挺直的鼻梁……有好看的，但也有不好看的，关键是在脸上的布局。更为关键的，则是这个人（在校车上）的表情、谈吐等给别人留下的整体印象了。

以前，我对黑种人的样子觉得有点可敬不可亲，觉得有点害怕。但是，到了哈佛后，因为接触的黑种人多了，似乎也就习惯了、感觉很自然了。有时候，甚至还觉得黑种人比较热情、好交往、比较值得信赖。在活动中，如果旁边有白种人和黑种人，我似乎还更愿意与黑种人聊天。我还记得有一次与哈佛的同学乘车出去参加活动的过程中，女儿被出租车抖得不行了，感觉有点晕车不舒服。我需要跟司机沟通一下。当时，前面一排坐了一个黑人和一个白人，我想请他们帮忙给司机打个招呼，让司机开车稍微平稳一些。我似乎是不由自主地就选择了那个黑人。后来，我就想，自己为什么选择了那黑人呢？怎么就不害怕黑人了呢？看来，是习惯就好，与黑人接触多了，也就不觉得黑人不好看或令人害怕了。特别是我在哈佛听课的过程中，看见教室里坐着许多的黑人，看见他们在努力地学习、认真地听课、积极地回答课堂提问等，便感觉黑人其实也挺好的。

在来哈佛之前就听人说，美国胖子很多。不过，我在哈佛校园里见到的人中，大多却是瘦子，身材超级棒，而且，我们实验室的老师、同学的身材也非常好。但在超市购物时，就有很多机会见识一些大胖子了。那些胖子的胖主要是胖在腰上，粗粗的腰大概要等同于好几个正常人的腰那么粗。特别是有一次，我们在超市见到一个很胖的女人，她的样子简直像座大山。当她经过我们的身旁时，她给我们的感觉真的是像有一座大山压过来，让人想要逃跑。我们这种身材一般的人，在她身边简直就是骨瘦如柴了。所以这胖和瘦还真的是相对的。

我记得以前咨询过一位来访者，她本来不算太胖，可是她特别介意胖瘦，总是觉得自己太胖了。别人稍微看一看她，她就会觉得别人是在觉得她太胖了；别人在旁边说说话，她也担心是在议论自己太胖了。虽然保持良好的身材很重要，可是对于一些难以改变的体型，接受自己的胖也是一种方法呢。如果实在嫌自己胖，到美国超市来，多看看一些真正胖的人，就会觉得自己很瘦了。而且，在唐朝，不是说以胖为美么？所以，嫌自己太胖的人可以走出小我，四处多看看，胖瘦是相对的呢。许多人的白皮肤、长睫毛等是先天的，而我们的黄皮肤、短睫毛也是天生的，难以改变的。也许，不少的白种人还很羡慕我们黄种人的长相呢？

所以，要学着接受、悦纳自己的长相，接受不能改变的自我。这即是与我们的自我意识紧密相联的一个问题。

一般来说，我们可以从内容上对自我意识进行如下分类：

(1) 生理自我，指个体对自己的生理属性的认识，如对身高、体重、长相等的认识。

(2) 心理自我，指个体对自己的心理属性的认识，如对心理过程、能力、气质、性格等的认识。

(3) 社会自我，指个体对自己的社会属性的认识，如对自己在各种社会关系中的角色、地位、权利等的认识。

在对自我的接受中，对生理自我的接受尤为重要。这就犹如生理需要是我们最基本的需要一样，生理自我也是我们对自我认识的最为基础的一个方面。如果你对自己的身高、体重、长相等都不能接受，你又如何接受自己在其他方面的表现？而且，由于生理上的特征是较难以改变的特征，许多时候我们只有接纳它才能平衡自我的认识。希望大家能够从接受自己的生理自我做起，认识到自我是一个多么独特的人，一个多么需要自我爱护的人——“我就是我”！进而，才能在生活中发展起对自我及周围环境的热爱。

某日，看见一位朋友在朋友圈里坦承：

在我们那里，重男轻女的观念很重。我爷爷奶奶、爸爸妈妈及周围亲戚也一样。我从小就知道爸爸妈妈想生的是男孩，这让我从很小的时候就生活在一种愧疚和不安之中。我不喜欢自己的性别，我不像其他女孩儿那样喜欢穿花裙子、留披肩长发，我从小到大一直都是短发，打扮也是像男生，一直被人称为“假小子”。我想要证明自己！我想要证明自己可以比男孩做得更好。可是，即便我现在到了哈佛，我还时常会听见爸爸在为自己没有一个儿子而悔恨不已。虽然现在各方面都还不错，特别是在对待父母方面比当地许多的儿子都好很多，可是，我依然得承受许多不该承受的心理压力。

看见朋友的分享，笔者挺受触动的，这位朋友已经是哈佛大学这边的研究生了，可是，却因父母的陈旧观念还生活在对自己的性别并没有完全认同的痛苦之中。这不能不说是一种悲哀。所以，“接受自我”中，还有很重要的一个内容是要认同自己的性别。但也许，对此话题，是需要有相关体验的人，才能感同身受；没有相关体验的人，可能难以理解她们的感受与痛苦。在此，真心希望各位朋友都能完全接受自己的性别——无论男女，都值得爱护！

那么，对自我的认同（或接受）与不认同（不接受）这一问题，如何来改变或解决呢？首先，若是敢于直面这个问题、披露自己的想法，这便是一个进步。其次，则是每位个体自己根据自己的情况，具体探寻独特的接受自我的方法了。

接受自我真的有那么难吗？其实，接受自我并不难！

小水壶和小锅的故事

我们家有一个小水壶和一个小锅，它们在上海家中的橱柜里，曾静静地待了好几年而不曾被使用过。是的，我们从来不需要使用它们，因为它们太小了，对一个家庭的日常生活来说显得不够有用。

这次到美国，我们想着反正它们在家里没有什么用，行李箱也还有空档，就顺便带上了。没有想到，这一带却是发挥出了它俩无比的用途。在只有我和女儿的小家里，我们每天都会用到它们。我们用小水壶烧一壶水可以喝上一两天，用小锅舀水、淘米，偶尔也用来煮煮四季豆等简单的菜肴。

每天，当我使用着它们的时候，我的心里充满了感恩，感谢它们给我们的生活带来了便利，感谢它们帮助我们应对初到美国的艰辛。是啊，在人的需要之中，吃喝等生理需要是排在第一位的，如果要说“是它们帮助我们满足了我们的生理需要”，这一点也不过分。

于是，某日里，我突然想到了人。如果小水壶和小锅是人，那么，虽然是同样的人，但是在不同的环境下，它们的确就受到了不同的对待！在上海的家中，它们被冷落、被闲置。我猜想，如果它们一直待在那里不离开，那么就一直不会受到人们的重视；而在美国的临时小家里，它们处于重要的位置，天天都为人所需。但我想，即便它们在美国的临时小家里受到了无比的重视，如果再回到上海的家里，再与一些更大的厨具摆放在一起，应该就又失去了它们的价值。

虽然，我们常说，人会改变环境。但是，在很多的情况下，人却还是要顺应环境的。你在一个环境里觉得很憋屈、过得不开心，觉得自己无用武之地，许多时候并不一定是你自身的问题，也不是你本身价值的问题，而是你与环境是否和谐的问题，是你是否处于一个适合自己的环境的问题。正如我的小水壶和小锅，水壶还是那个水壶、锅还是那个锅，可是在不同的环境中就受到了不同的对待，而它们自身也体现出截然不同的价值。所以，我想，不管是物还是人，有时候的确是需要换个环境，或许你就能发现自己的价值。

我还记得自己以前在攻读研究生学位阶段，晚间义务做心理咨询的时候，遇到来访的同学与室友相处不开心，一般来说，我们是要求同学改变自我，学会与同学融洽相处。我们经常会给同学许多的 tips（即技巧、方法）、许多的引导，帮助他们心灵的成长。这样做，的确很多时候是有效的。但是，也有一些极端的情况，同学与室友的相处已经是水火不相容了，那么，再“逼迫”同学改变自我认知、积极适应宿舍生活，真的就有些艰难了。在那些年代，换宿舍是非常艰难的事情，所以，心理咨询师只能那样。现在回想起来，真的很有感触，也许，她换一个宿舍就解决了大部分的问题了。不快乐的她，也许就是处于一个不对的环境，遇到一个不对的人而已，如果能换个环境，真的就能改变所有的天地了！

我知道，肯定有咨询师会说，如果她在一个环境里相处不好，那么，她到另一个环境里也肯定相处不好。因为她的与人交往的能力就那样了，不要指望换一个环境就能改变一切……以前，我同意这样的观点。但是，现在我会质疑这样的观点了。因为，在生活中，我们会发现有人在一个环境里与人相处困难，但是，换一个环境，她似乎又如鱼得水。所以，与人交往的能力还是与所处的环境有关系。在激励来访者积极改变自我的同时，有时还是需要给来访者一些往后退一步的宽松选择。

图 2-6　小水壶和小锅

我想我以后再遇到与室友相处有问题的来访者，我一定会同意她换个环境的想法；遇到在工作环境中过得不快乐的人，我也一定会建议他换个环境。与其在改变环境的过程中感觉很累、很难、很不快乐，还不如在换个环境就换个心情的轻松中去实现自我。是的，换个环境，也许就能发挥出自己的不同凡响的价值。感谢我的小水壶和小锅，让我在人与所处环境的问题上不再那么执著，让我学会以退为进，让我学会放松自我，也让我在与人咨询上多了一个劝解的方法与案例。所以，我感谢我的小水壶和小锅，我要为我的小水壶和小锅拍一张相片，以作留念。

认识专注力

在哈佛大学心理学系访学期间，我看得比较多的一个概念是 Mindfulness，因为邀请我到哈佛大学访学的 Langer 教授的研究几乎都集中在这个概念之上。Mindfulness，这是一个较难理解，或容易让人觉得很混淆的概念，也是让我一直很纠结的概念。在此，我们就暂时使用“专注力”这个概念吧。

专注力(Mindfulness)是社会心理学领域的一个重要课题，指精神或心理(mind)的积极状态。专注力这一概念起源于古佛教、印度教和中国哲学，在从东方介绍到西方后获得了长足的发展。关于专注力的研究，当前主要有两种取向：一种是社会认知取向的研究，注重用社会心理学的方法来研究专注力，强调“积极地找出新的差异，让个体处于当下”，其研究代表是美国哈佛大学心理学系 Ellen J. Langer 教授，该取向的 mindfulness 常被翻译为“专注力”或“专念”。另一种则是心理咨询取向的研究，其植根于佛教哲学，是注重沉思和基于冥想的研究，强调对当下的无条件的关注，以知晓、接纳、不作任何评判的立场看待自己正在经历的体验，其研究代表有 Kabat-Zinn 等，这种取向的 mindfulness 常被翻译为“内观”或“正念”。两种取向的研究提出了不同的、独特的理论原则，但是，它们也有很显著的相似之处。最为重要的是，两种研究都旨在培养指向当前的专注，因此，都有助于促进个体的健康和幸福。当前，也有不少研究者将两种取向的研究相对比，旨在将两种研究转变成相互补充的一个整体。

以哈佛大学著名心理学家 Ellen J. Langer 教授为代表，从社会认知取向对专注力进行了大量的研究。Langer 的早期研究集中于专注力缺乏(mindlessness)及其在日常生活中的广泛存在。之后,转向问题的另一方面——专注力(mindfulness)——及其在老龄化、心理和生理健康、行为规范、人际关系、创造力和职场等领域可能带来的优势。总的来说,主要是分析了专注力缺乏的本质、原因,专注力的本质,专注力与创造力、工作中的专注力、专注力与减少偏见、专注力与健康等的关系,并出版了一系列著作,如《*Mindfulness*》(1989)、《*On becoming an artist: Reinventing yourself through mindful creativity*》(2005)、《*The power of mindful learning*》(1997)、《*Counterclockwise: Mindful health and the power of possibility*》(2009),以及专注力手册《*Wiley Mindfulness Handbook*》(2014)等。

图 2-7 专注力相关著作

当前,专注力的研究主要集中于专注力与健康、企业管理和教育等领域的交互作用,研究取得了较大的发展。在国内,中国人民大学出版社于 2007 年引进翻译了上述前两本著作,翻译为《专注力》和《学学艺术家的减法创意》,但这引起了不少人的质疑,有许多人在网上指出这太容易让人联想到“注意力”并误以为专注力就是注意力。浙江人民出版社于 2012 年重新请译者翻译了上述前三本著作,翻译为《专念:积极心理学的力量》《专念创造力:学学艺术家的减法创意》《专念学习力:打破7个扼杀创造力的学习神话》。可是,“专念”是什么呢?这也让人觉得难以理解。另外,上述第四本著作由东方出版社于2010年引进翻译为《长寿我做主 逆转年龄的抗老方法》。不过,如果可能的话,阅读原版图书能更为直接地理解作者的观点。

的确,一说到“专注力”,可能许多的人会马上想到“注意力”。实际上,这二者之间有联系,但也很不相同。可以说,专注力包含注意力;但注意力只是专注力的一部分,专注力在心理学领域有着更为丰富的含义。在国内,对“专注力”的关注有着悠久的历史,成语“全神贯注”、“专心致志”都表达了“专注力”的含义。

专注力(Mindfulness)的特征是发现新的差别,从而使个体:(1)处于当下;(2)对环境和不同的观点很敏感;(3)受规则和惯例的引导(而不是受其支配)。专注力的现象学的经验是感觉到投入的体验。另外,注意到(或创造出)新的差别或不同之处,表明了一种内在的不确定性,当人们意识到自己并不了解那些过去自以为知道的某人、某物或某种情境时,人们的注意力自然而然就转到目标上了。也就是说,专注力是通过个体处于当下、对新奇的事物持有开放的态度、对事物之区别比较机敏、对不同的环境很敏感,以及有多角度的意识等而获得。Langer教授指出,“Mindfulness是一个不容易下定义的概念,我们最好将它理解为找出新的区别或差异的过程(the process of drawing novel distinctions)。不管所注意到的区别是重要的还是琐碎平凡的,都没有关系,只要对观察者来说这些差异是新的就行。积极地找到这些差异,就使我们处于当下了。”

相对地,专注力缺乏(Mindlessness)被定义为精神或心理的不活跃状态,其特征为依赖于过去经验中的类别,从而:(1)让过去的经验决定了现在;(2)我们(看问题时)被困于单一视角却没有意识到;(3)我们对环境不敏感;(4)规则和惯例支配着(而不是引导着)我们的行为。当我们无条件地接受某些信息时,我们便受到这些信息的限制了。Langer指出,在依靠过去经验的情境下,无论当时的情境如何，规则和惯例更可能决定或支配我们的行为，这就是专注力缺乏(mindless)的行为表现。

国内外大量研究表明，“缺乏专注力”会带来巨大的危害，“专注力”具有重要的价值。专注力可以促进个体在心理和生理机能上的显著改善，心和身组成一个单一的系统，人体的每一个变化会同时给心理（如认知变化）和身体（如细胞、荷尔蒙和神经的变化）都带来改变。专注力水平较高的个体对周围环境和新的观点较为敏锐，善于发现新的差异和不同，受规则和惯例的引导（而不是受其支配）。从健康领域来看，专注力可以减轻个体的压力，提高健康水平，减少不健康的症状如关节炎疼痛和酗酒，有助于长寿；专注力练习可以促进个体对当下的充分意识，并实现个体的最大潜能。从企业管理领域来看，专注力水平的提高可以促进员工的创造力，降低员工的倦怠水平，提高工作效率；而从教育领域来看，专注力可以提高学生的创造力、记忆力，增加对知识的灵活运用程度和对学习任务的喜爱程度等。可见，专注力对我们的人生有着非常重要的作用。

每个人都应该自问一下：自己的专注力(Mindfulness)如何？

情绪篇

将压力放到一边

许多人常说自己很焦虑,想要缓解压力。是的,缓解压力很重要。如何缓解自己的压力?要回答这个问题,首先要明确:自己有压力吗?自己的压力来自哪里?所以,问题依次应该为:

第一,自己有压力吗?

第二,压力来自哪里?

第三,如何缓解压力?

生活在一个充满竞争的社会里,每个人似乎都会有自己的压力所在。只是压力大小不同、来源不同而已。

在哈佛大学教育学院的一次学生、学者的研讨会上,主讲人抛出问题:是否有压力,压力主要来自哪里?

大家经过十多分钟的讨论,然后逐一发言。有因为自己是管理者,工作单位的手下不够上进而给自己带来的压力;有因为与丈夫的关系处理中矛盾不断所带来的压力。但最引起大家共鸣的却是学习与工作中的压力。

哈佛学生的学习压力一般都比较大。教育学院的硕士研究生是一年毕业,在这一年里,要完成十来门课程,每门课程都要阅读大量的文献,否则就跟不上进度,上课时无法参与课堂讨论;课程进行中会有一些小测试或小论文;课程结束时,则要提交一篇小论文。虽然最后不需要像国内的硕士研究生那样要完成一本稍有厚度的硕士论文,但是这一年的学习和小论文的确也会带来不小的压力。

访问学者的压力一部分是需要在访学单位抓住机会认真学习所带来的压力;另一部分则是要发表论文以完成自己所在工作单位的科研考核所带来的压力。当然,还有生活的不便等带来的压力。不过,相比之下工作所带来的压力是主要的压力。

我想，我自己也是一样的，充满了科研带来的压力。先说国内的问题吧。学心理学的人都知道，心理学的期刊少、论文难发。所以，于我来说，发论文是一件很困难的、让人压力很大的事情。之前，听一个同事讲着她已经建立好了很多的关系，发表文章没有问题，我心中各种羡慕嫉妒恨啊。再说国外吧，我是到了哈佛大学访学，可是，时间过去许多了，我也未能很好地理解邀请我来访学的 Langer 教授关于"Mindfulness"的含义。国内，有人将之翻译为"专注力"，也有人翻译为"正念"。可是，很显然，这些翻译都没有很好地传达这个概念的含义，所以，我只有努力地看书看论文，想要理解这个概念的含义。Langer 教授的一位博士生在与我聊天时说，"这个概念是挺难懂的，我从英语的角度也很难理解。"她的话语算是给了我一些宽慰，可是，这个概念及相关文章我是一定需要弄清楚的啊。另外，我怎么珍惜现在的时光，我怎么不要虚度了这难得的时光？这也是无形的压力啊。听说，不少的访问学者都很努力，他们奔赴于各个学院的讲座、课堂，与不同的大师、学者交流，每天将时间排得满满的。而我自己主要局限于心理学系的讲座和课堂，收获似乎也很有限。相比之下，这于我也是多么大的压力啊！

所以，我给自己的判断是：有压力，压力还挺大的；压力主要来自科研与学习。而且，对于访问学者来说，这的确是挺典型的压力。

图 3-1　讲座公告

我想，我这么苦恼，主要是我对科研没有参悟清楚。科研，是用来干什么的呢？面子？教学的谈资？我想，我俗人一个，当然要随俗，让我在科研的道路上走得更顺利一些吧。2015 年 6 月 5 日去听讲座，据说主讲人是世界上"脑控第一人"的 Miguel Nicolelis，讲座的题目是"脑机接口：从基础科学到神经功能康复(Brain-machine interfaces: from basic science

图 3-2　讲座现场

to neurological rehabilitation)”。

看着 Nicolelis 教授给大家呈现一张张幻灯片，看着那些纷繁复杂的图表，看着他们用猴子做脑控实验的一个个视频，不由得深感其研究的艰辛、深入与投入。猜想，当 Nicolelis 教授那么投入地进行研究时，他们对研究充满了热爱，在他们的心中根本就没有想过压力，而只是想着怎么进行实验。相比之下，我们这么些小小的压力算得了什么呢？我们感觉有压力，是因为我们投入得太少了，过于注重结果，渴望着完成任务，没有充分体会进行过程中的快乐。

当我意识到如此，再回到现实，我知道，压力人人均有，只是来源不同、分量不同而已。那么，如何缓解自己的压力呢？

首先，是目标的判别。

你为自己确立了怎样的目标？目标的具体时间期限、希望达成的情况如何？我想，我的问题是在于没有具体的目标，目标很含糊，所以，导致自己有点瞎担心。所以，首先是要罗列出一些具体的目标或想要做的事情。关于目标，其实目标的高低很重要，太高的目标难以达成，当然会带来巨大的压力；太低的目标又让人感觉不到成就感；只有中等的目标既可以让人奋起，又可以不会带来过大的压力。所以，重要的问题除了目标，还是目标！设定合适的目标很重要！回顾一下前文的"抱负水平"和"目标设置"的确很有必要，了解自己的抱负水平和目标是否恰当，是否过高，是否太含糊不具体？这是非常必要的。而且，尽量将目标写在纸上，仔细地审视在这个物理的(Physical)东西——纸张——上面所承载的自己的目标是否恰当。

其次，是将事情分类处理。

我还记得多年前就学到过，要将手头的事情按紧急和重要分类，画一个坐标：紧急且重要的先做，紧急不重要的稍后做，不紧急但重要的再次做，不紧急也不重要的最后做。我们很多时候是将许多事情堆在一起，不分轻重缓急，因此，给了自己太大的压力和焦虑。将一些事情分类，这本身就可以给自己减减压。而且，最好是在纸上写写画画，而不要只是在头脑中想想。

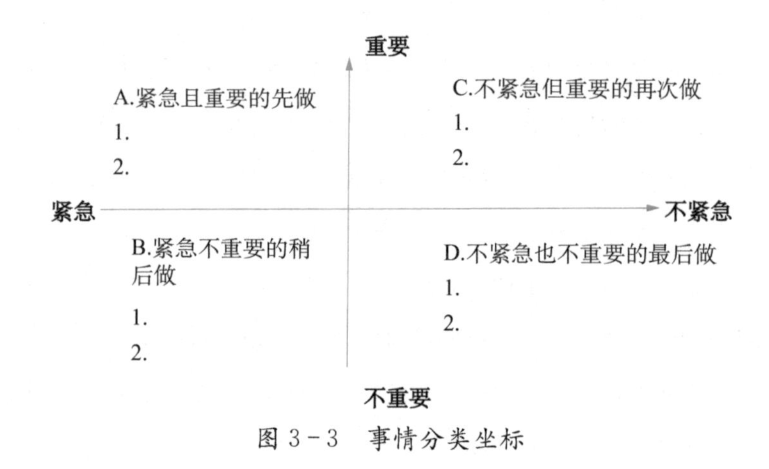

图 3-3　事情分类坐标

再次，则是行动起来。

有些事情其实并没有那么艰难。关键是不做只想就加大了事情的艰难度。如果让自己行动起来，其实，会发现事情并不难。如我现在，我在电脑上敲打着键盘，心情愉悦地完成书稿，心理压力似乎真的就放到一边了呢。

你，也可以！

开始着手自己近期想做的事情，将压力放到一边！

小情绪也自控

冲动是魔鬼，控制情绪很重要，这一点大家都知道。但是，现实情况往往是“大道理人人都懂，小情绪难以自控”。

哈佛的一位朋友说，他很爱自己的父亲，也知道自己应该孝顺父亲，多时不见也会想念父亲。可是，一旦与父亲见面，最多一会儿，他就会与父亲陷入争执。争执的原因可大可小，难以归类。他无法控制自己的情绪，冲动之下有时候会口不择言，过后又会非常后悔。所以，他现在只能减少与父亲见面、通话的机会，尽量避免见面或直接地对话。他知道这样不好，但不知道该怎么办。

另一位女性朋友则是与母亲有着类似的矛盾。她觉得母亲太唠叨了，经常催促她找男朋友，经常说她已经多少岁了……这让她觉得很烦恼。虽然她知道母亲是为了自己好，但是，在母亲唠叨时，她就控制不住情绪想发火，并对母亲说一些狠话，诸如“我不需要你管”、“不关你的事”之类的话语。每次冲动之下总是会说错话，之后又会陷入无休止的后悔。似乎母女之间陷入一种恶性循环或怪圈，她也不知道如何是好，也只有避免与母亲见面，逃避母亲。

还有一位朋友说，自己的父亲性格脾气太暴躁了，非常容易发火，非常容易看不惯自己的行为，非常容易批评人。如果自己没有将椅子放好，或如果做的事情哪点不太好，表现稍微激动等，都会受到批评。虽然自己的年龄也不小了，可是还经常会像小孩子那样被批评，所以情绪非常糟糕。每次高高兴兴地去看望父亲，但没过两天就会弄得气愤不已地不得不离开。伤心时几乎想要与父亲断绝关系，但过了生气的几天又于心不忍。所以她心里总是很矛盾，她知道自己过一段时间该去看望父亲或给父亲打个电话，但又对要去看望父亲或给父亲打电话还颇有忌惮，担心又会被批评，担心又会带来情绪上的不快。

这样的子女与父母的关系似乎还挺典型。其实，许多人在日常的为人处事时还非常的不错，只是在与父母的相处过程中就会经常难以控制自己的情绪。

在哈佛教育学院认识的一位心理咨询师也难逃这种命运。她在给大家做讲座时侃侃而谈，讲什么认知、情绪，在白板上画出表格，将大家的问题进行分析，引导大家找出日常压力下不理性的认知和做法，再探讨理性的方法。可是，在一次我与她的深入交谈时，却惊讶地发现，她也有着与母亲水火难容的困惑。她说自己的母亲是一个非常挑剔的人，她从小就被母亲骂着，现今自己将近五十岁了，事业也不错了，可是，回到老家依然会被母亲骂。所以，她看见母亲或仅仅只是想着母亲就会觉得害怕。

而后文述及的特种士兵亦是如此，他之所以在小小的年纪就选择了去做特种士兵，在部队接受高强度的练习，在很大的程度上也是因为想要逃避家庭中与父母的不快。

看来，子女与父母的关系是可遇不可求了？到底关系如何，情绪如何，这是否可以改变？上述是子女与父母的关系中引发的情绪问题。生活中另一类难以自控的情绪似乎是子女与伴侣的父母关系引发的情绪问题。

在国内，我们听多了婆媳关系中的大战。到了哈佛，在我们所住的 Botanic Gardens，我眼见许多孩子的爸爸全职在家带孩子，妈妈一人独自上班养活全家，稍微询问亦是与父辈难以相处的情绪问题。某一爸爸告诉我，他们家孩子很快就满 12 个月了，可以上托儿所了，每个月的费用是 2 400 美金，所以，他也必须尽快找到工作。我说，那可真昂贵啊，为什么不让你们的父母来帮帮你们呢？他说，大家在一起很难没有情绪方面的问题。所以，这还真是一个难题。

以上所述，多是情绪难以自控的问题，可是，生活中更多的却是相处愉悦、情绪平和的例子。许多人与父母相处融洽、无话不谈，与伴侣的父母也相处如亲人，可以尽情享受相处的快乐。另外，我听说在美国的爷爷奶奶一般是不会帮忙照看小孩的，可是有一次，我们在等小火车时，我就看见旁边的一个小孩子是奶奶带着。那位奶奶说，他们不是来乘火车的，而是因为孩子很喜欢看火车，所以他们是跑好远的路，专门来看火车。这似乎又是一个正面的例子呢。那么，如果你不幸是与父辈有着情绪困扰的可怜人，如何控制与调节自己的情绪呢？

第一，从认知层面上，要认识到情绪控制非常重要。多读一些"子欲养而亲不待"的故事，会让你的情绪变得平和。父母与子女之间的仇恨不是阶级仇恨，不是不可以调和。至少，父母给了你生命，或给了你伴侣的生命，你对父母或伴侣的父母应该充满感恩。所以，控制情绪是重要且应该的。

第二，依然是认知上，要意识到问题的关键在于控制自己的情绪而非改变父母的情绪。我们得认识到：父辈的性格、脾气似乎很难改变，俗话说，"江山易改，本性难移"。到了父母的年纪，脾气上是较难有大的变化的了。而且，子女与父辈有时也很难能有公平交流的机会。那么，比较可行的则是子女辈的自我情绪控制与调节了。

第三，学会情绪的调节。也许，在某一次你控制住了情绪的爆发，但内心可能也挺压抑，存满了的愤懑。这时，你可以先恭喜自己做到了第一步，再带着欣喜来调节情绪。调节情绪的方法很多，关键看哪个方法适用于你。注意转移、运动、听音乐、看书、写日记、写博客、看电视、找人谈心……总之，是需要你将内心压抑的情绪以适当的方式释放出来，让自己的情绪回复平和。

第四，在行为上，尝试着在与父辈相处时注意控制小情绪，不要冲动。大家为何不想想自己平日里与同事、同学、朋友等的相处？自己是能在人前有很好的表现的啊——情绪开朗、谈吐优雅、形象优秀……为何在与亲人相处时，许多人就放下面具，撕破脸皮，开始了与父母的对吵？那么，在这时，多想想日常的"人格面具"，有时还是挺有用的呢。要想想自己的修养体现在何处？可能在面对亲人时也能控制情绪就是修养的最佳体现了。而且，如果能控制住一次情绪的爆发，下一次就会容易许多。

最后，在可能的情况下，与父母辈多沟通交流，以委婉的语气，以短信、书信等方式提出请求，或给父母推荐几本心理学书籍，请父母辈也能体谅小辈的辛苦，将自己多年养成的暴躁脾气或唠叨个性稍微收敛一下。

相信，聪明的你，既能懂大道理，也能自控小情绪！

“情商”是什么？

在国内，经常会有人问及情商。到了哈佛大学，周围一些访问学者问起比较多的依然是情商。经常会有人说，“啊，你是学心理学的啊？心理学中的情商很有意思哦。”看来，情商的确是一个深入人心的话题。

但情商，似乎也是一个没有确切定义的概念。在许多人的心目中或使用过程中，情商似乎是为人处世的代名词。看一个人为人处世不错，就说这人情商很高；看一个人为人处世稍差，则评价说，这人情商很差。当然，也有人会将情商等同于情绪管理的能力，会将善于控制自己情绪的人视为情商很高的人。总之，在国人的心目中，情商是一个含义范围可大可小，表达意思并不确定的，一个流行的词汇。有时候，或许还有点只可意会不可言传的感觉。

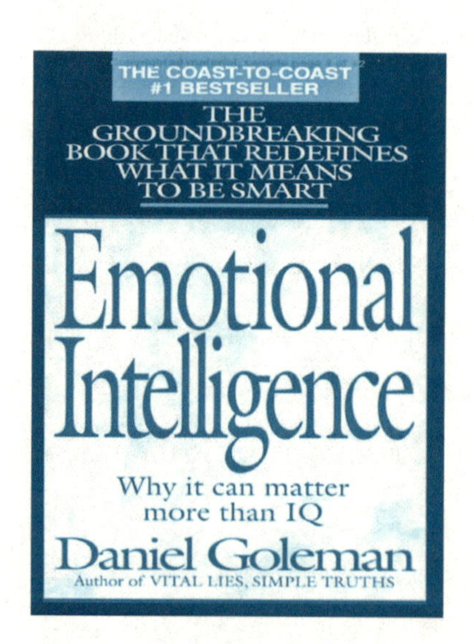

图 3 - 4　*Emotional Intelligence* 一书的封面

但大家是否知道，情商一词是出自何处？

情商是一个外来语，由 Emotional Intelligence 翻译而来。严格来说，应该翻译为情绪智力或情感智慧，简称 EI，而非 EQ。

情绪智力的重要代表人物是新罕什尔大学的约翰·迈耶(John Mayer)和耶鲁大学的彼得·沙洛维(Peter Salovery)。他们在一篇题为“什么叫情绪智力”的论文中指出，情绪智力包含：准确地觉察、评价和表达情绪的能力；接近和(或)产生情绪以促进思维的能力；理解情绪及情绪知识的能力；调节情绪以助情绪和智力发展的能力。

而在国内，情商一词引起人们的极大关注，则是因为戈尔曼(D. Goleman)的《情绪智力》一书。

该书于1995年出版，将情绪智力分为5个方面：

◇ 认识自己的情绪

◇ 管理自己的情绪

◇ 激励自我

◇ 识别他人的情绪

◇ 处理人际关系

此书所涵盖的内容非常之多。它原本只是一本通俗读物，但却成为国内许多情商书籍的权威蓝本。更为重要的是，翻译者变了一个大大的魔术，将"情绪智力"变成了"情商"，从此，情商满天飞。以后，情商的内涵不断膨胀，简直是成了除智商之外的所有心理因素。戈尔曼书中说："一个人成功的因素，IQ至多占20%，其他因素占80%以上"，而在某些书中就变成了"一个人成功的因素，IQ至多占20%，EQ占80%"。

丹尼尔·戈尔曼本人在该书的10周年纪念版作序时提到："情智(EI)"作为情绪智力的简称，比用"情商(EQ)"更为准确。但是，EQ的概念已深入人心。

在全球的教育领域，由于SEL计划(Social and emotional learning)的推广，一般将"社会情绪能力学习(SEL)"等同于情商训练或情商学习。但我们应注意到：专业人士反而较少提及EQ。因此，EQ是与IQ(智商)相对应的一个商业化名词。

虽然从严格的科学角度上，情商一词从产生开始，就是一个不准确的概念。

然而，此词一出，反响非同小可。仅1997年，就有十几本关于情商的书籍问世！所以，有人将1997年称为中国的"情商年"。

为什么情商热至今不减，带"Q"的书籍一直畅销不衰呢？一个很大的原因是读者认同书中的一些原理，如：

◇ 人的成功，不仅仅取决于智力，其他非智力因素也很重要；

◇ 情感对认知有重要影响，情感障碍会降低认知效率；

◇ 情感与认知具有交互作用，情绪智力便是这种交互作用的合金；

◇ 通过认知可以把握情感的变化；

◇ 智力是天生的，而情感的表达与调控能力却可以后天培养；

◇ 人的成功是后天可以把握的；

◇ 人人都可以调控自己的情绪。

以上观念都是具有积极意义的，而且对激发人们的成就动机具有鼓动作用，因此人们愿意接受。

应该说，情商是一个颇有争议的概念。如果大家的确对该概念很感兴趣，可以上网搜索一些英文原文直接读一读，可以比较好地理解该概念。如 Mayer, J. D., Salovey, P. & Caruso, D. R.(2004)在《心理学探究》(*Psychological Inquiry*)上发表论文"情绪智力：理论回顾、调查结果及启示(Emotional Intelligence: Theory, Findings, and Implications)"指出，EI或"EQ"之所以开始流行于大众是由于Gibbs(1995)等从goleman(1995)关于EI的普通读物而形成了一系列的报纸和杂志的文章，并回顾说，将EI定义为"the capacity to reason about emotions, and of emotions to enhance thinking. It includes the abilities to accurately perceive emotions, to access and generate emotions so as to assist thought, to understand emotions and emotional knowledge, and to reflectively regulate emotions so as to promote emotional and intellectual growth."而比较综合性的介绍，如维基百科(Wikipedia)上就有非常丰富的内容。

最后，笔者认为，情商是一个当下人人在用，但含义似乎有点各不相同的概念。当我们在谈论着情商这一话题时，需要知道它来自情绪智力，需要知道它原本是一个不那么科学的概念，仅此而已。

明媚的阳光

我的研究生问我：您能不能介绍一下国外基础教育对未成年人心理的影响？我想，这是一个挺大的问题。毕竟美国那么大，各地的基础教育肯定也挺不相同。不过，这个问题让我对孩子所在小学的一些印象逐渐清晰起来。我家孩子在 Cambridge 的一所公立小学上三年级。一年的学习生活让我与这里的老师，甚至是校长也熟识起来了。

对的，甚至是校长。虽然认识校长是刚开始入学的时候，但那时候根本不知道那就是校长。每天，送孩子到学校，我都会看见有一位年轻的男教师和一位年轻的女教师站在学校门口迎接孩子们。他们非常和蔼、友善，笑眯眯地与孩子问候早上好，与家长打招呼，风雨无阻。我知道男教师叫“Tony”，我以为这只是学校的一般的任课教师而已。可是，后面有一次学校会议，说有安排校长讲话。在餐厅里，一位男教师站在那里演讲。我才发现，那不就是每天在学校门口迎接孩子们的 Tony 吗？当时，我想：这校长可真平易近人哦。后来，在学校里，我们经常都能看见校长的身影。所以，要找校长谈话真的是非常容易的事情，校园里的气氛很融洽。

孩子的班主任是一位金发的年轻女老师，一看就是非常友好的那种。而且，老师不止是笑眯眯的，老师还会经常跟学生们开玩笑。比如有一次，班上有小同学过生日送了蛋糕到教室。我家孩子去参加其他的活动回来，刚进教室，老师的一句话居然是语气、表情夸张的“Oh, my gosh, I eat your cup cake!(哦，天啊，我将你的纸杯蛋糕吃掉啦。)”孩子当然知道老师是在跟她开玩笑，于是，轻松地回说："You are kidding.（你在开玩笑。）"孩子回来跟我讲起这个故事，并随口说了一句："我猜想，国内的老师不会这样跟学生开玩笑。"而妈妈我猜想，国内的老师也会有与学生轻松开玩笑的，不过，可能没有美国的老师这么随意。所以，在老师随时会跟学生开玩笑的这种情境下，孩子的情绪肯定是非常轻松愉快的。

在美国，每个学期都有家长会。这里的家长会不是很多家长一起参加，而是老师和家长一对一地进行的。老师提早将时间发布出来，让家长选定自己的时间段，然后，在约定时间到图书馆去交流。老师会将孩子这一学期的主要学习材料拿出来与家长交流。在给我们家开的家长会时，老师首先是说 Isa 的写作能力很强，甚至比口语都好。随即，给妈妈我展示了宝贝写的一封给图书管理员的信。这是学校的一个活动，每个孩子都写信推荐一本自己喜欢的书。信刚好是一页纸，是给图书馆推荐一本名叫《护身符（*Amulet*）》的书。我问老师给孩子提供了多少帮助。老师回答说，只是提醒使用一些诸如"for example（例如）"之类的承上启下的词语，并说 90％以上都是 Isa 自己完成的。妈妈我一看，真是不错呢。然后，老师说，Isa 刚来时相对比较安静，但是，现在说的能力已经有了很大的提高，每天在班上都会说很多的话。最后，谈论的是数学。老师用了一个词："strong（强）"！并给我展示了两份试卷。两份试卷都是只错了一题，老师说估计是阅读的问题，也许是没有理解题意。我一看试卷上的单词，什么"parallelogram（平行四边形）"、"Polygon（多边形）"等，妈妈我许多都不认识呢！家长会的整个过程，老师对 Isa 的评价几乎都是表扬、鼓励、肯定。因为老师的这种方式，Isa 在学校的学习应该是非常的轻松、愉快。

很巧的是，Isa 写给图书管理员的推荐信，居然很快就收到回复了。那是 Cambridge 另一家公立学校的图书管理员写来的回信，说他们图书馆以前本来是有那书的，可是，被小同学借去弄丢了而没有赔。这次收到推荐信，他们决定重新买一整套这图书等。因为这是 Isa 到美国后，真正意义上收到的一封陌生人的来信，Isa 非常的开心。我觉得学校组织这样的活动挺好的，既锻炼了孩子

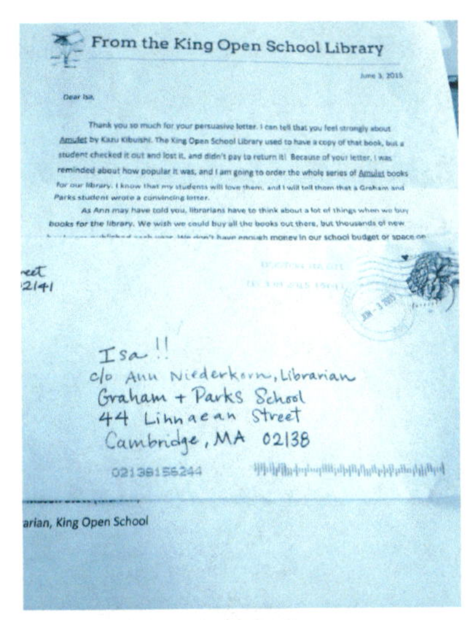

From the King Open School Library

June 3, 2015

Dear Isa,

Thank you so much for your persuasive letter. I can tell that you feel strongly about Amulet by Kazu Kibuishi. The King Open School Library used to have a copy of that book, but a student checked it out and lost it, and didn't pay to return it! Because of your letter, I was reminded about how popular it was, and I am going to order the whole series of Amulet books for our library. I know that my students will love them, and I will tell them that a Graham and Parks student wrote a convincing letter.

As Ann may have told you, librarians have to think about a lot of things when we buy books for the library. We wish we could buy all the books out there, but thousands of new ... money in our school budget or space on

Isa!!
c/o Ann Niederkorn, Librarian
Graham + Parks School
44 Linnaean Street
Cambridge, MA 02138

...arian, King Open School

图 3-5　Isa 收到的回信

的写作能力，又让他们在活动中收获了快乐及成就感。这让孩子知道，自己可以做一个有心之人，可以为图书馆推荐图书或参与一些班级事务等。

这一学年，班级组织的还有一个活动是让同学们每人写一篇介绍 Cambridge 的小文章，然后组成《*A Guidebook for Cambridge*》(Cambridge 指南)。笔者在其中帮助将小文章和图片编辑成书。我注意到有个小朋友写了三篇文章，但她的三篇文章的第一句话都是一样的句式“A unique place to eat/play in Cambridge is……”我跟老师提及，结果老师笑着说她知道的，但是孩子喜欢那样就那样吧。这让我感到老师真的是很宽松。而且，这是孩子们非常期待的一个活动，看见自己写的小文章出现在一本印刷精美的书中，谁还会不开心呢？

图 3-6　Isa 在副市长座位上假装发言

在 Cambridge，到市政大厅去参加活动似乎也是非常随意的事情。我们在这里仅一年，孩子就去了三次。其中一次，是孩子们在 afterschool(课后兴趣班)的艺术作品展。大概是各社区的课后兴趣班的作品都拿到市政大厅展出了。而且，除了展出，随后的艺术表演也放到了市长办公室旁边的会议室里举行，孩子们有机会坐到副市长等的座位上，开心地假装发言。Isa 正在那开心时，一位男士过来与孩子们一一握手，后来才知道那就是市长。Isa说，刚开始握手时自己用力比较轻，结果市长说："Oh, come on.（噢，来吧。）"然后，Isa就用劲地握了一下手。握手完毕，市长又发表讲话，祝贺孩子们的成就，并与孩子们一起观看表演。我在想：这市长还真不忙啊？对孩子们的活动都亲力亲为呢。在这里，市政大厅、市长办公室，大家似乎都可以随意进出，感觉上还真没有架子呢。

图 3-7 市长讲话

我知道这样的教育有其背景因素，美国人口相对较少，一个班才十几个人，所以老师有精力组织比较多的活动。在这样的环境下，老师要求比较宽松，孩子们的情绪也比较轻松愉悦，整天似乎都是沐浴着明媚的阳光。

我想，等我们回国后，即便课程压力大，我也会尽量对孩子宽松一些，不要让孩子的压力太大了。保持一种愉悦的情绪情感，应该比紧张、焦虑更有效吧。

意志篇

坚强的特种士兵

在哈佛，我居然还近距离地认识了一位特种部队（Special Forces）的士兵。

从长相和外形看，我猜想没有一个人会认为他是特种部队的士兵。是的，他是那么的文弱、瘦小，架着一副眼镜，怎么看都怎么像一位文弱的书生啊！可是，事实上他是某国与某国联合培养的特种部队士兵，而且是那部队的第一梯队士兵！

他告诉我说，特种部队的选拔很严格，只有非常少的人能够入选；部队的训练很艰苦，需要经常放哨，所以也就经常不能睡觉；不少的人在训练的过程中可能就遇难了……听着他娓娓的讲述，就像在听遥远的故事。不过，我也能感觉到他在话语间流露出的自豪和骄傲。

闲谈中，我开玩笑地说，"你们国家花了大价钱将你们训练出来，而你现在离开部队，这岂不是你们国家的损失?"没有想到，他的回答是："虽然我现在离开部队了，但是，如果发生战争，我们是要随时回到部队的。而且，我是第一梯队的成员。也就是说，如果战争爆发了，我肯定就会第一批次被派出，也就是肯定会死的。"我很惊讶："那么，你岂不是没有了自由?"他"嗯。"了一声，但表示这是自己做出的选择。

他说，现在他们是每年需要三次回部队训练的。如果某一年因为在外求学等原因，回部队训练的时间少了，那么下一年则要增加相应的时间回去训练。

特种兵表示自己也曾经有过一次想要自杀的念头，但也就一次。因为太苦了。内心的抑郁很难排解，不知道怎么调整自己的情绪。

我自问：一般的心理学调整情绪的方法能对他起作用吗？可能太难了。因为他们是那么的特殊，他们身上肩负特殊的使命，他们经历特殊的训练，他们承受常人无法承受的苦楚，他们见证战友的死亡……他们太需要强大的内心和坚强的意志力了。

所以，我说："对你来说，一般的调解情绪的方法不一定有作用，最为重要的也就是'接受'了。既然你选择了做特种部队兵，那么你就得接受——接受它所给你带来的压力。我相信你经过这么多年的训练，你的意志与一般的人不一样。"

他表示同意，说，自己的意志力是比一般的人坚强。特种兵是必须有坚强的意志力才能完成艰苦的训练的。

虽然，我们开始是从讨论情绪开始交谈，但我们谈了那么多、那么深入。我觉得这特种兵的案例应该放在意志这一篇。特种兵的存在让我们深思意志的重要性。特种兵是需要何等的意志力才能完成自己的训练，才能在人生中给自己确定人生的目标啊！

他们的人生与一般人不一样！

在沉重的话题之外，这位特种兵还给我讲了他减肥成功的故事。他说他以前很胖，有 110 公斤重，肌肉很多。我大笑："你个子不高，可是那么重，那么，你该是多么的胖啊？"他回答说，"是。"说，因为他的肩上至少需要挎三杆枪。我问，"为什么啊？"他回答说，因为他是上尉，他必须多挎枪，如果战士的枪掉了，他需要为战士补充枪。而一杆枪很重，三杆枪更重，必须要有很大的力气才行。而且，特种兵的训练很艰苦，必须身体非常强壮才行。

他是在退役后，三个月减轻了 45 公斤。现在的体重是 65 公斤左右。

我非常好奇，对于想要减肥的女性来说，减肥是一个永远的话题。我问，那么你是怎么减肥的呢？他的回答简直让人震惊：三个月大强度地背负三个轮胎跑步，加上只喝水和每周只吃少量的水果和蔬菜。我说，这太难了，我是一顿不吃就饿得慌的，这种方式真是太不适合我了。

我又问，通过少吃而实现的减肥一般情况下不是会反弹吗？你不担心自己会胖回去吗？他说不会，因为他现在注意着控制饮食并每周坚持锻炼身体，所以不会胖回去。

我真的非常好奇于他胖的时候是什么样子，问了两次可否看看相片，满足一下我的好奇心。可是，他说他在到哈佛后，手机换新的了，以前胖的相片存在家里的老手机上。而且，他不喜欢自己胖的样子，也不愿意给别人看。

我真的是好佩服，能通过这样的方式减肥！这也算意志力的体现吧？反正，我自己是不可能的。

也许，我是比较有同理心[①]，特种兵的故事在我的心里发酵着，久久不能忘却，我只好将这个故事写下来。我在想，特种兵的意志力真的是值得研究的一个项目：他们需要自己选择与一般人不同的人生；选择之后面对艰苦的训练要能坚持下来；在战友遇难、训练艰苦等情况下，还要克制自己的情绪。这真的是常人难以实现的啊。

而到了我们许多人喜欢的话题——减肥。我们多少人想要减肥啊，可是也很少有人能真正成功，可是特种兵就能用自己的极端的方式迅速减肥成功。我不知道这样的方式是否好，但是，这也从另外一个侧面证明了他意志的顽强。

当我们对生活有些绝望，当我们对生活有不满的时候，想想特种兵的生活吧，至少我们是生活在和平之中，没有战争的困扰；至少，我们能满足充分睡眠等生理需要……

哈佛广场的乞讨者

第一次到哈佛广场(Harvard Square)时，让我觉得十分惊讶的现象就是，那里散落着好几位乞讨者。他们有的靠墙坐在路边，有的坐在公用的椅子上。他们衣衫褴褛、食物肮脏。他们非残疾，也并不显得那么年老。在他们的面前都

① 同理心，即能够体会他人的情绪和想法，理解他人的立场和感受，能站在他人的角度思考和处理问题。

摆着一块牌子，上面写着："Homeless(无家可归)"等字眼。

我很惊讶：他们满口的英语为什么不用在工作上呢？他们为什么不自己去找份工作呢？他们看见如我们这般来自中国或其他国家的外国人用惊讶的眼神看着他们时，他们难道不觉得羞愧吗？

在中国，我们从小到大都是接受着英语学习很重要的教育。从中学或小学，甚至是幼儿园开始，我们便为英语而努力地学习着；到了大学，则开始为全国大学英语四级考试、全国大学英语六级考试而拼搏。在大多数人的心中，英语是那么的重要——在学生时代时，考学校需要；在工作后，发表文章需要、评审职称需要。但是，我们花费了那么多的时间去学习，英语还是要么听不懂，要么说不出，要么读不清，要么写不好。我们为英语而疯狂，为英语而痴迷，为英语而沮丧，甚至为英语而自卑。可是，现在看见能讲满口流利英语的外国人坐在地上乞讨，这怎不让人感觉疑惑呢？

所以，英语真的那么重要吗？除了与外国人正常交流，英语还能给我们带来什么呢？我想，语言，也就是提供了一种平台、一种工具，让我们在社会上能与他人交流。但在此基础上，更为重要的就是一个人的性格、意志等了。我们需要有恰当的目标，能让自己为目标而努力奋斗；要有敢于在社会上打拼的意志，而不是退而乞讨；要有良好的性格特征，即便短时间内受到了挫折，也能继续前行……总之，是要有坚强的性格、意志，能让自己学会一些基本的生活技能，让自己有一份工作，正常地生活。换句话说，也就是要有良好的心理素质，让自己能应对社会上的各种压力、挫折，能在社会上正常地、有尊严地活着。

我想，哈佛广场上的乞讨者，如果他们去找工作，肯定是能找到一份工作的。最起码，他们可以去饭店洗盘子、去送快递、去做体力活儿等。可是，他们没有。他们选择了不用费力、不用动脑、不用操劳的乞讨。如果从心理学的意志上来分析，他们肯定是在意志品质上有问题的人。

我们知道，意志是指自觉地确定目的，并根据目的来支配、调节自己的行动，克服各种困难，以实现目的的心理过程。从意志的品质来分析，意志品质之一是自觉性。自觉性指一个人在行动中具有明确的目的，能认识行动的社会意义，并使自己的行动服从于社会要求的意志品质。在生活中，如果一个人对自己的学习、工作等有着明确的规划，对自己是要继续学习还是找一份工作，找个什么样的工作等，能有自己的明确的目的。这就是意志品质的自觉性。相反，如果没有明确的目的，不知道自己能做什么，这就是意志的自觉性比较差的表现。哈佛广场的乞讨者，虽然他们能说流利的英语，可是他们不知道找什么工作而沦落街头，这当然是意志品质中自觉性较差的显现。

意志品质之二是果断性，指善于明辨是非、抓住时机、迅速而又合理地做出决定，并实现所做决定的意志品质。在每个人的生活中，肯定都是有着各种各样的机会的，关键在于每个人是否抓住了这些机会，是否在机会来临前做好了准备。在国外，有那么多的人不远千万里移民来美国，说明美国的工作机会不是不多啊。可是，生在本土的美国人却没有抓住工作的机会而流落街头，这能说明他们意志品质之果断性良好吗？答案当然是否定的。他们在机会到来时，要么优柔寡断，要么草率决定，结果成了沦落街头的乞讨者。

意志品质之三是坚韧性，是指对行动目的的坚持性，能在行动中保持充沛的精力和毅力的意志品质。也即是我们平日所说的“绳锯木断，水滴石穿”。猜想哈佛广场的乞讨者们当初也是有某种生活来源的，可是，某日遭遇了挫折，所以不能坚持之前的工作。这真的是非常沮丧的事情，为什么不能努力再努力，坚持下去，给自己一份较好的生活呢？

意志品质之四是自制力，是指在意志行动中能够自觉、灵活地控制自己的情绪，约束自己的动作和言语方面的品质。与自制力品质相反的是：冲动性。当然，论及自制力，是需要先有目的性的。当你在为自己的目标而努力的过程中，肯定会遭遇各种困难，那么，你在面对困难的过程中，无论是学习还是工作，你是否能约束自己的言行？再来说哈佛广场的乞讨者，他若没有想要工作的欲望、目的，又如何来谈论其自制力呢？

我想，一个人的一生，关键是自己想要奋斗。如果自己都不想努力了，别人再怎么说又能起多大的作用呢？如果一个人已经习惯于懒惰，不愿意通过自己的意志努力而获得更好的生活，他已经安于现状，安于乞讨，身边的人又能怎样？意志品质真的好重要！

图 4－1　波士顿的冬天

可能有人会说：这关你什么事啊？也许，在那些哈佛广场的乞讨者心中，他们就是喜欢那样的生活，他们才不会觉得不好呢。我承认，当一个人内心觉得那样好也是一种生活的姿态。但是，我们毕竟是处于一个社会之中，我们会有社会比较，也许他内心很安逸，但是，波士顿的冬天之寒冷只有经历过的人才知道，在我国东北的朋友会能理解一些。当大雪飘飞、路上堆积着半人高的积雪，而且这些积雪几个月都不融化时，我想，有一个温暖的家还是会比流落街头舒服一些吧。

所以，我想祝愿大家能有坚定的意志品质，即便生活中遭遇了挫折，也能不忘初衷，给自己确定一个明确的目标，抓住身边的机会，坚持到底，让自己及自己的家人都拥有一个美好的人生！

挫折之痛与成长

哈佛大学每年在毕业典礼期间都有一个毕业纪念日(Class Day)演讲的活动。这个活动开始于 1968 年。当年，著名的政治领袖和活动家马丁·路德·金(Martin Luther King)在四月被刺杀前接受了邀请，后来是他的妻子 Coretta

Scott King 代替他做了演讲。

2015 年，哈佛大学邀请的是 2003 届校友、女演员娜塔莉·波特曼（Natalie Portman）。

图 4-2 娜塔莉·波特曼在 2015 年哈佛毕业典礼上的演讲

百度上对娜塔莉的介绍如下：

13 岁时，她出演《这个杀手不太冷》的女主角，开始了一边读书一边拍戏的生涯。1999 年，纳塔莉以《芳心天涯》片中安·奥格斯特一角获得金球奖最佳女配角的提名。1999 年，成年后的她凭借《星球大战》三部曲帕德梅·艾米达拉女王一角为大众熟知，之后，纳塔莉进入哈佛大学攻读心理学。2011 年，娜塔莉·波特曼凭借电影《黑天鹅》里人格分裂的芭蕾舞者角色，获得了奥斯卡最佳女主角奖；同年 5 月 8 日，她主演的《雷神》在中国上映。2013 年的 11 月 8 日，娜塔莉·波特曼出演的《雷神 2：黑暗世界》在美国上映。

这样成功的演艺人士，肯定是大家心目中的赢家，大家都能注意到她光鲜亮丽的一面。所以，在 2015 年 5 月 27 日纳塔莉在哈佛大学毕业纪念日演讲之后，关于纳塔莉的新闻简直是刷屏了许多人的朋友圈。但是，在看完纳塔莉的演讲之后，让笔者记忆犹新的则是她回首挫折的那一段。

> 如今，浪漫地回忆过去的求学时光是非常容易的事情。但我在哈佛也有一段非常困难、痛苦的时光。当时，我才19岁，遭遇了第一次失恋的心碎，吃了后来因抑郁副作用严重而退出市场的避孕药，以及，在冬天几个月里有太长的时间都见不到阳光等，这些因素综合起来，使我处于一段非常黑暗的时光，特别是在我大二的时候。当时，我连早晨让自己从床上爬起来都非常困难，我几乎被我的期望所压垮，好几次在与教授见面时我都忍不住失声痛哭。许多时候，我是在心里念叨着“做！不管好坏。”来激励自己完成作业。

是的，许多在我们看来非常成功的人士，他们也有着非常痛苦的过去，也会遭遇种种的挫折。人生便是如此。特别是在大学阶段，年龄、阅历都还尚浅，面对挫折，容易显得手足无措。她在面对挫折时，是如何应对的，也就直接决定了她的人生的轨迹。如果，她在遭遇挫折时，承受不住挫折的压力选择了跳楼，那么，人们也就见不到现在光鲜亮丽的她了；如果，她在面对挫折时，对学业选择了放弃、逃跑，那么，她也就回不到哈佛做毕业纪念日的演讲了。可以说，经历过挫折的她，反倒获得了成长。所以，对我们每一个人来说，当你在人生的每一个阶段，都不妨观察或学习挫折方面的知识，提前思考一番人生可能遭遇的挫折，这在你真正遭遇挫折时是非常有裨益的。

多年前，中央电视台一套“今日说法”栏目报道了一件让人为之叹息的事件。某大学一研究生宿舍被盗，遗失之物为一些大学英语四、六级证书，本科毕业证书及几百元钱的存折。因为宿舍门上的一张留言条是以该宿舍中一名同学的名义所写，所以校方、保卫处及同学都怀疑是该同学偷窃了财物。调查过程中，对该同学的态度亦有些恐吓。谁知，几天后，该同学居然以上吊的方式结束了自己的生命，把悲痛及无助留给了年老的双亲。一年之后，由于某一偶然事件找到了当日真正的盗窃者。但真相换不回年轻的生命，真相只能给人更多的惋惜。

审视这一事件，纵然有诸多的客观原因，但最根本的却是该同学的抗挫折能力太差了。被人怀疑固然是件难受的事情，但与宝贵的生命相比，那又算得了什么呢？即便真有盗窃行为，不外乎被校方处分或开除，只要改过自新，人生随时可以重新开始。何必轻视自己的生命？况且，事实并不是自己所为，俗话说"心中无冷病，哪怕吃西瓜？"，"身正不怕影歪"等，为何不知道积极地应对这一挫折？可以向公安局报案，可以请求鉴定笔迹等，以证明自己的清白。还可以到校心理咨询中心寻求心理援助。六七百块钱对已经成人的研究生来说，应不算一个太大的数目，事情并不是不可挽回，为什么，为什么不能坚强一点？

也许有人会以为这样的例子是很个别，很偶然的。但笔者在从事心理咨询的实践中发现，像这样遭遇挫折就不能应付，或者表现为过于焦虑、抑郁，或者出现严重的心理障碍，或者甚至选择了自杀的案例，即便不多，但也绝对不少！

再平坦的道路，也会有坎坷；再顺利的人生，也会有挫折。挫折并不可怕，可怕的是丧失了应对挫折的信心和能力。挫折具有两重性：一方面，挫折可以使人从中吸取经验教训，使人的意志得到磨练，从而增强克服困难的信心和勇气。俗话说"逆境出人才"，便是这个道理。挫折可以催人奋进，使人坚强。许多事业成功的人都有坎坷的经历，而这也正是人生的一种财富；但另一方面，若挫折超过了个人的承受能力，则会产生消极的影响，甚至出现前面的悲剧。所以，对我们每个人来说，非常重要的是应提高自己的抗挫折能力，以应对人生的种种磨难。

从心理学的角度来说，挫折是指个体在从事有目的的活动过程中，受到主客观因素的阻碍或干扰时，所产生的情绪状态。挫折的主要心理特征是负性情绪，如紧张、焦虑、恐惧、愤怒、失望、痛苦、悲伤等。面对同样的挫折情景，人们的反应却可能表现出明显的差异。有的人反应轻微、持续时间短；有的人反应强烈、持续时间长。这与每个人的抗挫折能力有关。心理学研究认为,个体的抗挫折能力受到很多因素的影响。第一,认知水平。不同个体由于认知水平不同,对同一挫折会有不同的认知,会做出不同的评价。所以,面对挫折情境能否做出正确的认知,是个体是否会体验到挫折的重要原因。学生群体中常见的对挫折的错误认知有:(1)认为挫折不应发生在自己身上。对挫折毫无心理准备,因此,一旦遭遇挫折(如同学怀疑、考试不及格、评优无望、教师批评等),就会出现不良的心理行为表现;(2)把某一次的挫折的后果想象得非常可怕,夸大了挫折产生的后果。过分重视旁人的眼光。如一次考试不及格,便以为同学会看不起自己;(3)以某一方面的挫折来否定整个自我。某一件事情没办好,便否定自己的能力等,从而产生自卑、自弃心理。第二,个性心理品质。情绪稳定、意志坚定的人面对挫折能保持冷静、沉着;相反,情绪不稳定、感情脆弱,意志力较差的人则比较容易被挫折征服。第三,生理素质。神经类型较强、平衡、灵活的人抗挫折能力强;相反,神经类型较弱的人抗挫折能力低。第四,过去的经验。在过去经历过失败的人,往往能抵御挫折的伤害;而自小一帆风顺的人,则较易为挫折所困扰。在"温室"中长大的青少年,自尊心太强,社会阅历浅,一遇到挫折便不能应对。由上可见,抗挫折能力的确有生理的影响,但主要的影响却来自后天的认知、个性及经验。

抗挫折能力可以通过后天的学习加以提高。我们每一个人都应了解一些调节挫折的心理学方法,并适时应用,以不断提高自己的抗挫折能力。调节挫折的心理学方法一般有:

(1) 心理宣泄法。人在受挫时,会产生许多负性情绪。负性情绪犹如汹涌的洪水,靠堵是堵不住的,比较好的方法就是在合适的场合发泄出来。这种方法一般包括"出气室"宣泄、书写宣泄和向人倾诉宣泄。"出气室"宣泄法是指在专门建立的软体房间内,对橡胶制品类的物体大打出手,或大骂。如果没有这一条件,找一个僻静的角落,对树木、石头发泄一通,效果也是一样。书写宣泄,是通过写信、写日记、绘画等形式发泄自己的不满。向人倾诉宣泄,则是把自己的烦恼、愤怒、痛苦等向老师、朋友或亲人一一倾诉或大哭一场，以缓解心理压力。一般来说，受挫时由于负性情绪的干扰，个体容易变得思维狭窄、固执、偏激，缺乏对行为后果的预见能力。而通过适度发泄，情绪放松，则认知恢复正常。

（2）注意转移法。即把注意力从产生消极情绪的事情上转移开来。遇到烦恼、苦闷之事，可采取暂时回避的方式，去看电影、看电视，听音乐，散步，进行体育运动或做其他感兴趣、有意义的事情。实践证明，注意转移法是非常容易做到，也非常有效的一种调整心态的方法。

（3）反向思维法。即换个角度看问题，或从光明的角度看问题。在遇到挫折时，要从积极的方面去想，努力从不利中找到有利的因素，从而调动自己的积极情绪。比如，许多罪犯被判刑入狱，这应算是比较大的挫折了。但也有不少罪犯能认识到自己的错误，将刑期当成自己学习的大好机会，学到了法律知识、道德、谋生的技术及如何做人等。生活中自会有“否极泰来”、“因祸得福”之事。

（4）心理咨询与心理治疗。向老师、朋友或亲人倾诉的确能宣泄压抑在心中的闷气。但如果没有适当的倾诉对象，或心理问题已经为老师、朋友或亲人等所不能解决时，一个重要的方法就是求助于心理咨询与心理治疗。目前，在我国许多大中城市均设有专门的心理咨询中心，一些大医院设有心理咨询门诊，及不少大学也设有心理咨询中心或心理辅导中心。“心病还须心药医”，心理咨询可以帮助来访者认识自我，调整情绪，从而使心理健康成长。例如，有一位新生不能适应环境，抑郁、苦闷，甚至想一死了之。幸而在心理咨询师的帮助下，她重新恢复了自信，确立了自己的奋斗目标，投入到紧张而充实的学习生活中去了。所以说，心理咨询和心理治疗是调适挫折心理的重要方法之一。当然，有很多人对心理咨询不了解，害怕别人因此而以为自己精神有问题。应该说这是一种误解，实际上心理咨询是为心理有困惑的精神正常的人服务的。而且，心理咨询室的位置一般比较僻静，可以先电话预约后再前往。相信随着时代的发展，心理咨询会为越来越多的人所接受。

总之，挫折并不可怕，可怕的是丧失了应对挫折的信心和能力。希望遭遇挫折的人们能正视挫折，珍惜自己的生命。让世间少一些遗憾！更希望大家能从挫折中获得成长的契机。

书非借也能读也

意志努力不是成人的专利。只要有心，在养育孩子的过程中，也能时时发现培养孩子意志的契机。

书非借也能读也

我们家不常买书，经常是从图书馆借书。我告诉孩子：袁枚的《黄生借书说》里说了，"书非借不能读也"。孩子问：那是什么意思呢？我解释说，自己的书放在家里可能就会忘记了阅读，而图书馆的书因为要在规定的期限归还，所以，必须要赶紧读完。这就是"书非借不能读也"的缘故。孩子似懂非懂地同意了。

但有一次，孩子所在的学校组织了一个"Book Fair（图书展销）"的活动，就在学校进门的大厅里。同学们都很踊跃，一个个都想买书。我家孩子当然也想买了。我不同意，说："图书馆的书多了去，想看就去图书馆借吧。"但过了两天，孩子说她还是挺想自己买，而且她已经看中了一本书，书名叫《*Dumpling Days*》。我知道那本书，挺厚、挺难的，对于孩子这样的水平似乎有点难度过高。于是，我和孩子对话如下：

"你确定你能读吗？"

“确定。”

“你要读完哦!”

“保证读完。”

“读完还要写读后感哦。”

“一定会写。”

“然后,还要能背出其中的一些句子!”

“没问题!”

“如果你的确喜欢,又保证能读完,那么没有关系,我们可以买。但是,如果你不读或读不完,以后就不能买了。”

“No problem!(没有问题)”

在承诺了能达成所有的要求之后,次日,孩子将《*Dumpling Days*》买回了家。

自从将《*Dumpling Days*》买回家后,孩子真的每天都会抽空读上几页,并小心地将书签夹在书中。过了几天后,向我展示,已经读了一大半啦!又过了几天之后,向我展示:已经快要读完了,并认真地说:“书非借也能读!”

图 4-3 *Dumpling Days* 一书的封面

其实,书不管是借的还是自己买的,都能读。关键的问题在于,个人自己是否运用了意志努力,即是否能自觉地确定目的,并根据目的来支配、调节自己的行动,克服各种困难,以实现目的。当孩子确定了“要买一本书来读”的目的,那么,在随后的阅读过程中,即便遇见了不认识的生词,即便感觉有一些困难,但是必须想办法坚持下去,借用查询词典等方式,帮助自己将书阅读完。这便是自己自觉意志努力的过程。

这个读书的过程,其实就是一种意志行动。意志行动是有目的的行动,它有发生、发展和完成的过程，可分为两个阶段：

1. 制订行动计划阶段

首先，要确定某种目标，并以这种目标来调节自己的行为，这是意志行动的基础。在这个过程中，先是动机斗争，然后再是确定行动的目的。

(1) 动机斗争

人的意志行动是由一定动机引起的。如果动机单一明确，则无动机斗争；动机之间不矛盾，也无动机斗争。而如果动机之间相互矛盾，个体需要对各种动机权衡轻重，评定其社会价值，以及解除意志的内部障碍，该过程即为意志行动中的动机斗争。孩子想买书，但也担心读书有困难，这里必然是有动机斗争的。

(2) 确定行动的目的

在动机斗争之后，就是确定行动的目的了。是否能通过动机斗争而正确地树立行动目的，表现了一个人的意志力水平。在经过自己担心读书有困难和妈妈初始的否定之后，经过一番犹豫，孩子仍坚定地想买书、想读书，这是行动的目的。随即，进入第二阶段。

2. 执行决策计划阶段

行为目的确定以后，就要解决如何实现目的的问题了，即要解决怎样做、怎样实现目标等。在这一阶段，包括：

(1) 行动方法和策略的选择。读书有生词，也许不能理解书中的内容，孩子说，“我可以求助于电子词典，或问妈妈。”不能不说，这个方法的确还不错。

(2) 克服困难，实现所作出的决定。确定好前面的步骤之后，进入阅读的过程，其中，肯定有不少的困难，如有些单词较难不认识、有别的玩具的诱惑、学习的疲倦等。但是，孩子能克服内部困难和外部困难，每天坚持阅读，的确还不错。这体现了意志努力的作用。

所以，我想，不管是孩子，还是成人，意志努力都是非常重要的。它体现在生活中的方方面面，小到孩子决定读完一本稍有难度的书，大到成人完成一些困难的任务，只要是有困难的事情，都需要我们的意志努力。

延迟满足

“延迟满足”是一个挺有名的心理实验，是在20世纪60年代，斯坦福大学的Walter Mischel教授着手进行的考验孩子意志力的实验。在实验中，研究人员把孩子带到实验室里，并在孩子的面前放一颗棉花糖。孩子坐在棉花糖前面，可以有两种选择：一，是马上吃，就只能吃这一颗棉花糖；二，是如果能等研究人员离开15至20分钟后回来时再吃，便可以再得到额外的一颗棉花糖，即可以吃两颗棉花糖。研究中，有一些孩子等不及研究人员离开，就把棉花糖吃了下去；有一些孩子坚持了一阵便不能坚持下去了；而有一些孩子则是用各种方法让自己坚持下去，终于等到研究人员回来时得到了两颗棉花糖。这个实验挺有趣的，而且在网上可以非常容易地百度到“孩子和棉花糖测试”的视频。

我曾经给孩子看过这个视频，并给她讲了能延迟满足的重要性，讲了实验中那些能坚持到最后的孩子在长大成人后大多都表现非常出色。孩子在视频的冲击下，也相信了我的话语。没有想到，这以前看过的故事，在孩子迫不及待想买玩具时还发挥了一些用处。

我家孩子以前在国内时很钟爱芭比娃娃，到了美国后，却迷上了乐高。经常会暗示说，乐高如何如何好，哪个小朋友已经有了乐高的哪一款了。耐不住孩子的纠缠，我给她买了一套乐高。可是，这哪够啊？因为她的小朋友手头可是都有好几套乐高，而且都还是挺大的款式；可再买吧，乐高的价格可真不便宜，而且放在家里也太占地方了。于是，我给了她两个选择：一、马上买，就只能买一套小的乐高；二、如果能等上三个月，等到快要回国时再买，可以买一套稍微大一些的乐高。

我们在网上查看了一阵，孩子在小的乐高和大的乐高中犹豫了一阵，最终决定，自己愿意等上三个月，买一套稍微大一些的乐高。

自从作出决定之后，孩子似乎就安心了，不再日日念叨。虽然其间有两三次都还想马上就买，可是，一旦我问："想买大的还是想买小的?"她就停止了念叨，她知道自己得等待，以得到大的乐高。所以，我想，给孩子一些不同的选择，让她自己作出选择，让她在选择后学会等待，学会延迟满足，也不失为一种锻炼意志力的好方法。而且，似乎这也可作为自我激励的一种方式。即便是成人，也可以尝试给自己一些延迟满足的机会。

个性篇

人格面具

在哈佛,我认识了一位朋友的朋友。他说,自己在家从来不会带孩子。可是,后面去餐馆吃饭时,他频频给孩子们夹菜、递纸巾,感觉比妈妈们还周到、贴心。我起初稍有疑惑,可是突然想起他曾经是一位官场的人物,所以,我脱口而出:"你有人格面具。"于是,大家都对"人格面具"这一词语非常感兴趣:

人格面具是什么?

每个人应该有不止一副人格面具哦?

如果我的身份变了,那么,我的人格面具会变吗?

"人格面具"是瑞士精神病学家、心理学家荣格的分析心理学中的一个重要概念。

人格面具(persona),这个词来源于希腊文,本义是指演员为扮演某个特殊角色而戴的面具,也被荣格称为从众求同原型(conformity archetype)。人格包括内在的我(即真实自我)与表现于外在的我(即人格面具),内在的我与外在的我可能一致,也可能不一致。人格面具是个体为了适应外界而隐藏内在的我,以便将最好的外在的我呈现给外界的工具。它也即是在不同的社交场合中人们所表现出的不同形象。它保证了人们能够与他人,特别是不喜欢的他人和睦相处,从而为各种社会交际提供了多种可能性。人格面具的产生不仅仅是为了认识社会,更是为了寻求社会认同。人格面具在人格中的作用既可能是有利的,也可能是有害的。如果一个人过分地热衷和沉湎于自己所扮演的角色,把自己仅仅认同于自己所扮演的角色,就对自己的内心情感和需要缺乏考虑,使人格的其他方面受到排斥,真实自我受到压抑,这种受人格面具支配的人就会逐渐与自己的天性相疏远而生活在一种紧张的状态中。

每个人应该有不止一副人格面具哦?

每个人当然都会有不止一副人格面具。这是人适应社会的本能。因为在社会上,每个人都承担着不同的角色。角色的转换及角色扮演的情况如何,关系到我们的生存状态。不同的是,有的人的人格面具具有情境性,在不同的情境下可以戴上不同的人格面具;而有的人的人格面具戴得太紧,难以转换,在任何情境下都是同一副人格面具。

试想,如果一个公司的老总回到家中后,还是一副在公司的样子,颐指气使、高高在上,那么,他怎么与家人沟通交流呢?

而人格面具的转换,比如说,一个领导在员工面前非常严肃、不近人情,可是,他在自己孩子的面前却可能非常慈祥、和蔼可亲,在自己的母亲面前表现得非常听话。在中国历史上,许多人在外面显得非常不近人情,但在家里却是孝子。许多电视剧中也刻画了这样的人物,如热播的电视连续剧《铁梨花》中的男主角就是如此。

比如说,一个员工在公司同事和领导面前表现得对工作勤勤恳恳、对事认真负责愿意吃亏、对人礼貌有加,但他对朋友却表现得小气不愿受委屈,对家人表现得冷淡不喜交流。这就可能是他将工作看得非常重要,在工作中表现了所有好的一面,而到家里,便暴露了冷淡的本性。

比如说,一个孩子在老师面前有非常好的脾气,乖巧、听话、讲礼貌、讲卫生,可是,他在父母、祖父母面前却可能脾气非常坏,顽皮、不听话、不讲礼貌、非常邋遢。如我认识的一个小女孩,她在所有人的面前都非常的温和,但唯独对她爸爸脾气非常坏。在与爸爸通电话时,她爸爸稍微说错一句话,就可能惹得她大为恼火。但是,如果挂断电话,她在面对别人时,却可以马上恢复温和的性格和脾气。这不能不说挺奇妙的。再比如说,一个孩子在老师、家人、邻居面前非常的文静,但在与小伙伴们在一起时,却像个假小子,玩游戏时表现得兴奋不已。

再如上面的那位爸爸,他在家里是什么事情都不会做的人,但在社交场合,他却是对旁人照顾有加的人。这也是不同人格面具的生动体现。

如果我的身分变了，那么，我的人格面具会变吗？

这个问题则取决于个人的性格特征了。一般来说，随着时间的推移，人格面具总是会随着身份的变化而变化的。但也有人会因人格面具的过度膨胀，使角色转换非常困难。所以，我们不难理解，长期从事管理工作的人会习惯性地对并不是自己的工作对象的人去发号施令。另外，许多人从工作岗位上退休下来，很长时间过去仍觉得很不适应；很多干部从领导岗位退休下来后，总是不太适应不是领导的日子等。这也是人格面具的问题。

所以，大家在戴着人格面具适应社会的同时，也要认识到外在面具之下还有一个内在的自我，用一些时间与自己的内心进行对话，思考自己的个性是否得到充分的体现。我们需要平衡自己人格中的各种面具，不要过度依赖或重视其中的某个人格面具，而使其他人格面具受到排斥。不然，造成某种人格面具的过度膨胀，人们就会疏远自己的本性。

需要层次

初到哈佛时，有许多的不习惯和不方便，便经常想起马斯洛的需要层次理论，因为我觉得自己连最基本的需要都还没有满足好。

马斯洛(A. H. Maslow)认为，人类的需要具有层次性，人类的各种需要是相互联系、相互依赖和彼此重叠的，是一个按层次组织起来的系统。他最初提出需要有五个层次：生理需要、安全需要、归属与爱的需要、尊重需要和自我实现的需要。后来，在尊重需要和自我实现需要之间补充了认知需要和审美需要，并将人类的需要分为两类：即基本需要：生理需要、安全需要、归属和爱的需要、尊重需要；成长性需要：认知需要、审美需要、自我实现的需要。

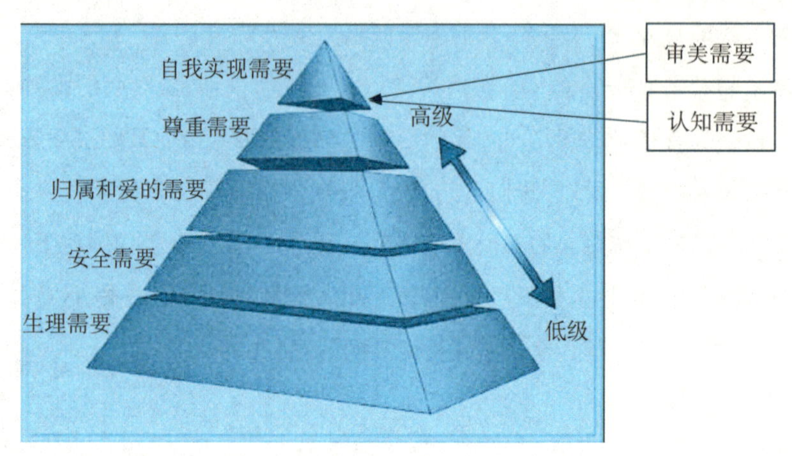

图 5-1　马斯洛的需要层次理论

马斯洛认为，只有低级需要基本满足后，才会出现高一级的需要；只有所有的需要相继满足后，才会出现自我实现的需要。每一时刻最占优势的需要支配着一个人的意识，成为组织行为的核心力量；已经满足了的需要，就不再是行为的积极推动力量。例如：特别饥饿时，全心找吃的；安全受到威胁时，忘记了饥渴。层次较高的需要发展后，层次较低的需要依然存在，但对行为的影响减弱了。马斯洛的需要层次理论最初带有一定的机械性，但后来他也指出基本需要的各个层次的固定程度并非那样刻板，实际上有许多例外。

图 5-2　雪后的 Cambridge

我感觉自己在刚到美国时真的是连最低级的需要都还没有满足好。首先是吃喝的生理需要，每个周末都要思考：去哪个超市？买些什么？怎么拿回家？这里的超市都很遥远，适合有车族的地方对于无车人士就比较艰难一些。我们在 8 月底刚到时，天气还好；进入 12 月后开始下雪，1 月份更经常是白雪飘飘，而且，那些雪花飘落到地面上后不是像上海那样很快就融化的，Cambridge 地面的积雪似乎是不容易融化的。经常是旧的雪还没有融化，新的雪又堆积在上面。到 2015 年 3 月 15 日又再次降雪，这让许多人激动不已，因为这个冬天成为波士顿自 1872 年以来连续降雪最多的一个冬天。根据波士顿洛根国际机场的官方数据显示，2015 年 3 月 15 日星期天又降雪 2.9 英寸，将 2014—2015 年冬季的总降雪量增至 108.6 英寸(约 275.844 厘米)。网络上流传着这么一个句子："波士顿经历了历史上最严酷的冬天。"在上海早就是春暖花开了的时候，朋友们晒着各种漂亮的花花草草，而我们在 Cambridge 还是白雪皑皑。我记得自己在微信圈里，到 2015 年 3 月 31 日我还在发着有冰雪的图片说："小学操场上的积雪终于化得差不多了。"所以，我们这年在 Cambridge 生活着，漫长的冬季是一直到四月才过去。

其次是安全的需要。2014 年 10 月 3 日，上百名的哈佛学生(从姓名上看主要是亚裔学生)集体收到恐怖威胁邮件，说："哈佛的所有学生：我叫 Stephanie Nguyen。我住在波士顿。明天，我将到哈佛大学来，将你们哈佛的每一个学生都射杀掉，我会将你们一个个地杀掉……"

我自己虽然没有收到这封恐吓的邮件，但看到微信群里同学转发的邮件以及大家的讨论，心里还是很有压力的。最主要的问题是，我们刚到哈佛不久，内心本来就忐忑，所以那次的恐吓事件给我留下了非常深的印象。当时，哈佛官方反应很迅速，哈佛大学警察局(Harvard University Police Department，HUPD)在网站上发布说明，并在哈佛校园增加警力、加强戒严。但是，我相信那几日的

All students at Harvard

My name is Stephanie Nguyen

I live in Boston

I will come tomorrow in Harvard Universitiy and shoot all of you each one of you
all Harvard students, I will kill you individually.

I'll be back tomorrow at 11 clock in your fucking university and will kill you, you sons of bitches.

Even Mark Zuckerberg of facebook I will kill

图 5-3　恐怖威胁邮件

图 5－4　严阵以待的警察

恐慌也成了许多中国学生学者记忆中难以忘怀的一件事情了。

日子就这么过着，起初，连低级需要的满足都十分艰难，但它们推动着我努力地生活着。随着时间的推移，对哈佛的了解日渐增多，对我们所在的城市 Cambridge 也越来越熟悉，生理需要和安全需要的满足，慢慢地变得不再那么强烈与迫切。在低级需要满足的同时，也能体会着高级需要的满足。

很早之前就有朋友告诉我说，哈佛比较重要的是本科生的学习。哈佛的本科没有非常具体的专业划分，他们专门属于一个本科学院（Harvard College）。说，在哈佛，别说我们匆匆一年的过客——访问学者了，连哈佛的硕士生、博士生和博士后等都不能算是真正的哈佛的人。我想，大家都是聪明人或明白人，没有必要为此而纠结，我才不管是否算是哈佛的了。无论如何，到哈佛心理学系访学，实验室有给我们分一间办公室，每周有固定时间的实验室例会，听导师讲解，与同学讨论，与研究助理一起做实验等；每天会收到各种邮件通知，需要去听尽量多的讲座，需要去参加课堂的学习、讨论等。在这个过程中，能一点一滴地满足着归属和爱的需要、尊重需要、认知需要、审美需要、自我实现的需要……这也就足够啦。

特别是在实验室参与认知风格的实验研究（Cognitive Style Study）的春季

学期,我每天上午都需要到实验室去等待哈佛的本科同学过来做实验。指导或帮助同学们完成一个个的实验,快乐地与他们交流着。有时候,实验结束之后,同学还愿意留下多聊天几句,聊聊对字色干扰实验(Stroop Test)等的感觉,彼此问问现状等。在这种交流过程中,我会感觉到一种尊重与爱。而下午,我则需要奔赴统计课程的学习和实验室例会等,与同学和老师们的认识逐步深入,感受到一种集体中的友爱与归属,感受到弄懂一些知识、学会操作一些软件的快乐,体会到认知需要的满足。白雪皑皑给生活带来了艰难,但雪花飘飘也蕴含着浪漫;春天迟迟来到又匆匆过去,夏天倏地来到我们的身旁,树叶儿瞬间就绿了枝头,各种花儿也在路边争奇斗艳。在每日忙碌中,也能注意到周围景色的美丽,这应是满足了审美的需要。而自我实现的需要据马斯洛需要层次理论的解说,不是一般人能随意得到满足的。那么,我也就不用纠结啦,在哈佛访学一年,至少可以丰富我的人生阅历,让我的生活更加的丰富多彩,让我在其中进一步思考马斯洛的需要层次理论,这不就挺有意思的么?

性格内向的优势

在哈佛大学心理系访学时,我与实验室的一位 RA(研究助理,Research Assistant)走得比较近。她对性格内向的话题非常感兴趣,也许是她担心自己内向的性格有些不好?总之,她拉着我谈论了不少相关的话题。这让我想起自己以前翻译的《内向者优势》和发表的一些相关文章。

图 5－5 《内向者优势》一书的封面

性格内向与性格外向的确是一个引人入胜

的话题，因为我们中不少的人自己是性格内向的人，或者我们所关爱的人是性格内向的人。生活中经常听人抱怨："我的性格比较内向，我多么想让自己变得外向一些啊！"也经常听一些父母倾诉："孩子性格内向比较容易吃亏，要是孩子能外向一些就好了"。由于社会文化对外向性格的偏爱以及人们对内向性格的误解，许多人非常不希望自己或家人是性格内向的人，并羞于承认或怯于面对自己内向的性格。

那么，性格内向真的是一种缺陷吗？其实不然。性格内向并不是人们所认为的那样糟，性格外向也非人们所羡慕的那样好，两种性格特征各有其优势和劣势。特别地，性格内向有着其独特的优势，我们关键是要走出认识的误区，接纳自己的性格，从而最大限度地发挥出内向的优势。

误区一：性格内向的人不善于交往

许多性格内向的人非常羡慕那些性格外向，在同学或朋友聚会时口若悬河、滔滔不绝的人。实际上，人际交往并不是演讲比赛，并不在于谁讲得更多、讲得更好。人际交往更重要的是一种人际交往能力和交往技巧的体现，它并不一定与性格相关。只要在人际交往中注意交往的方法，并注意在实践中提高自己的交往能力，性格内向的人同样能在与人交往中表现良好，甚至会比性格外向的人做得更好。

性格内向的人是天生的优秀倾听者，往往比那些性格外向的人更容易获得人们的信任，对问题的理解往往更有深度、观点更为独特，比较容易给人留下真诚、实在、稳重、踏实、给人以安全感、有独立思想等良好印象……如果我们在与人交往中善于发挥以上优势，并注意一些具体的交往方法，比如建立良好的第一印象，诚恳地赞赏他人，注意谈话的话题，学会换位思考，尝试主动与人交往，主动关心他人等，我们完全可以在与人交往中收获成功。请观察我们的周围：真正人缘很好、与朋友关系深入的，多是性格内向的人！

误区二:性格内向的人容易吃亏

"性格内向的人容易吃亏",这是一个人们普遍的担心。许多家长不愿意自己的孩子内向,是担心孩子若内向话少会容易被别人欺负;职场中人不希望自己内向,则是因为担心缺少获奖、晋升的机会,等等。

俗话说,"塞翁失马,焉知非福。"偶尔的吃亏,也未必就是不好。从长远来看,内向者反而可以得到别人没有的机会,以及朋友、领导的青睐。人们之所以会担心内向容易吃亏,是因为不少人认为内向是缺点,所以会特别介意内向的人是否在某件事情上吃亏了。其实,性格内向有许多的优势,如善于观察和思考,能高度集中注意力,富于创造性和想象,勇于做出重大的决定等等。只要我们能发挥自己性格中的优势,将自己该做的事情做好,从长远来看又怎么会吃亏呢?对于父母来说,理解性格内向的孩子,教会他们合理安排个人的时间、创造私人的空间、有思考的时间等恢复精力的方法,并让性格内向的孩子认识到自己的独特性,比过于在意孩子是否吃亏更为重要。

误区三:性格内向的人很孤僻

有许多人简单地将"性格内向"等同于"性格孤僻"。看谁不爱说话,便武断地下结论说这个人很内向、很孤僻。其实,性格内向的人并不孤僻。他们只是喜爱探询自己的内心世界,喜爱思考问题而已。他们在思考中感受充实,在思考后可以侃侃而谈,可以做出非凡的成绩。他们也喜欢与人交往,但他们注意选择交往的对象,他们不会把时间无谓地浪费在与人随意的闲谈之中,不愿意在闲谈中浪费精力。性格内向的著名人物有很多,比如发明家托马斯·爱迪生、著名篮球运动员迈克尔·乔丹、软件业领军人物比尔·盖茨等。想想这些有名的人物,你能说性格内向的人很孤僻吗?

误区四：性格内向的人很害羞

许多人错误地以为性格内向的人很害羞。看谁表现比较害羞，便认为这人很内向。殊不知，二者并不能简单地对等。事实上，害羞是一种社会焦虑，是对其他人对自己会有什么样的看法的担心，它会使人面红耳赤、心跳加速……害羞是一种感觉，是对社会情境缺少信心的表现。害羞不是因为你是谁(像性格内向那样)，而是你认为其他人会怎样看待你。所以，害羞是后天的成分居多，是在后天的环境中形成的；而内向是先天的成分多，遗传的因素占主要。

误区五：性格内向的人不喜欢讲话

有许多人以为性格内向的一个特征就是不喜欢讲话，以为性格内向的人都是“闷葫芦”。其实，情况并不是这样的。内向的人平时表现得不那么喜欢讲话，主要是因为环境和话题不那么适合的缘故。首先是环境的问题，如果是在一个陌生的环境里，刺激太多了，会让性格内向的人觉得受不了，他连待在那里都觉得难受，还何谈让他讲话？其次，谈话的话题很重要，如果是一般的闲聊，他们会觉得没什么意思，但如果是一个感兴趣的话题，性格内向的人则可以头头是道地讲来。所以，生活中我们会发现有些人在公共场合不大讲话，但是在几个人的小圈子里或熟悉的环境里，却能很好地讲出他自己的观点。

误区六：性格内向的人不容易获得成功

性格外向的人由于信息量大、反应灵活，的确可能会比性格内向的人获得较多的机会。但是，在机会与成功之间还有不小的距离，还需要不少的努力。性格外向的人在这段距离上，可能会遭遇另外的机会和诱惑，可能在诸多机会中犹豫不决；但性格内向的人一旦获得一个机会，一旦下定决心，就会努力将事情办到最好。这正如“龟兔赛跑”，笑到最后才能笑得最好。如果你留意，你会发现在各级部门，许多领导正是性格内向的人。他们通常展现出优秀的领导才能，比如正直、优秀的判断力，优秀的决策能力，看问题时能充分考虑过去、现在和将来的能力。所以，成功并不在于性格是内向还是外向，更在于一个人的能力大小，以及意志品质、后天努力的情况。

正确认识“性格内向”与“性格外向”

“性格内向”和“性格外向”的概念最初是由瑞士心理学家荣格提出的。他认为，人们来自本能的力量可以称为“力比多”。如果某人的力比多的活动倾向于外部世界，那么他就是外向的人；相反，如果某人的力比多的活动倾向于内心世界，那么他就是内向的人。

性格内向与性格外向之间最根本的不同在于其本能的力量是倾向于外部世界还是倾向于内心世界。因为外向或内向的性格与“本能的力量”都有着紧密的联系，它们均有其固有的生理基础，所以在人的一生中，性格内向与性格外向都是非常稳定的。我们每一个人都要接受自己的性格倾向，如果有人说你是一个内向的人，请不要害怕，请勇敢地承认它。你会发现，一旦你从内心认同自己的性格倾向之后，许多以前的痛苦和担忧就都不复存在了。对我们自己的性格倾向，我们只有接受它、悦纳它，才能更好地发挥它的优势。

悦纳独特的个性

2015 年 4 月，我带孩子去了波士顿儿童博物馆(Boston Children's Museum)。

图 5-6　波士顿儿童博物馆

在那里，让我记忆深刻的不是游玩的设施，而是墙上的一段话：

观察孩子是怎样学习的……

有些孩子是马上就行动，而有些孩子喜欢先观察。有些孩子一遍又一遍地重复同样的事情，而有些孩子对同样的事情则决不做第二次。每个人都是与众不同的。

图 5-7　墙上的标语

观察你的孩子在本展示中是怎样玩耍的，可以帮助你了解他或她最喜欢以怎样的方式来学习，这有助于你在家选择最适合孩子的玩耍和学习方面的活动。

在社会竞争的压力下，我们的父母总是担心孩子输在起跑线上，总是担心自家的孩子比不过别人家的孩子。所以，在一些科技馆、博物馆或其他游艺馆，本该是高高兴兴玩耍的时候，我们却会看见家长虎着脸在教训孩子。作为妈妈，我也有这样的情况。所以，看到墙上这段话，我的心里咯噔了一下，感觉自己以前某时肯定也犯错误了。

我家孩子就是那种喜欢先观察的孩子，看见什么事情她不会贸然去做，但是她一旦做则一定是做得非常棒的那种。而我有些时候就是不够耐心，看她做事似乎有些犹豫时就会上火，以为她胆怯，但其实，孩子是在观察学习呢！

“有些孩子一遍又一遍地重复同样的事情，而有些孩子对同样的事情则决不做第二次”，对此，我们家孩子可能介于中间。对于她感兴趣的事情，她的确能重复多次，而不感兴趣的事情当然不愿意重复。总之，她算是能静心做事的孩子吧。因为孩子是这样的个性，家长就应该了解并适应。

由此，我想到了心理学中的气质理论。

气质是个人心理活动的稳定的动力特征，与我们平时说的“脾气”、“秉性”或“性情”相近似。具体地，心理活动的动力特征表现为：

(1) 心理过程的强度(如情绪体验的强度、意志努力的程度)；

(2) 心理过程的速度和稳定性(如知觉的速度、思维的灵活程度、注意集中时间的长短)；

(3) 心理活动的指向性(即倾向于外部事物或内心世界)。

一般来说，我们将气质类型分为以下四种：

1. 胆汁质

胆汁质气质类型的人，表现为精力旺盛，反应迅速，情感体验强烈，情绪发生快而强，易冲动，但平息也快。直率爽快，开朗热情，外向，但急躁易怒。有顽强拼劲和果敢性，但往往缺乏自制力和耐心。思维具有灵活性，但经常粗枝大叶、不求甚解。意志坚强、勇敢果断，但注意力难于转移。

2. 多血质

多血质气质类型的人活泼好动，反应迅速，思维敏捷、灵活而易动感情，富有朝气，情绪发生快而多变，表情丰富，但情感体验不深。外向，喜欢与人交往，容易适应新环境。兴趣广泛但易变化，注意力不易集中，意志力方面缺乏耐力。

3. 黏液质

黏液质气质类型的人安静、沉着、稳重、反应较慢；思维、言语及行动迟缓、不灵活；注意比较稳定且不易转移。内向，态度持重，自我控制能力和持久性较强，不易冲动。办事谨慎细致，但对新环境、新工作适应较慢；行为表现坚韧、执着，但感情比较淡漠。

4. 抑郁质

抑郁质气质类型的人感受性高，观察仔细，对刺激敏感，善于观察别人不易察觉的细微小事，反应缓慢，动作迟钝；多愁善感，体验深刻和持久，但外表很少流露。内向，谨慎，遇到困难或挫折时易畏缩，但对力所能及且枯燥乏味的工作能够忍耐，不善于交往，比较孤僻。

从上面的描述中，我们可以看到各种气质类型都各有特点。但是，一样是因为社会竞争的压力，许多的父母并不喜欢抑郁质、黏液质的气质类型，担心这样的气质类型会吃亏。就如前文所说，有些孩子是马上就行动，而有些孩子喜欢先观察。对于那些喜欢先观察的孩子，他的父母可能很多时候就会误解自己的孩子，而控制不住自己的情绪想要教训孩子。

其实，气质本身无好坏。每一种气质类型既有积极方面，又有消极方面：胆汁质的人热情开朗，精力旺盛，刚强；但任性，脾气暴躁，容易冲动。多血质的人反应灵敏，容易适应环境；但兴趣容易转移，注意力不稳定。黏液质的人沉着、稳重、自制、冷静、踏实；但反应缓慢。抑郁质的人在工作中耐受力差，容易疲劳;但感情细腻,审慎小心,观察力敏锐,善于觉察别人不易觉察到的细小事物。而且,气质也不能决定一个人的智力发展水平。智力水平高的人可能具有不同的气质;相同气质的人可能表现出不同的智力水平。所以,了解孩子的个性,悦纳孩子的个性是非常重要的。世界上没有两片完全相同的树叶,我们要学着尊重孩子的个性,给孩子以自由发展的空间。

父母需要悦纳孩子独特的个性。但其实更为重要的是我们每个人要能学会悦纳自己独特的个性。俗话说外因通过内因起作用。父母、他人的态度等如何,并不是直接起作用的,最为关键的还是内因——我们自己。我们自己是否能真正悦纳自己的个性——特别是那些难以改变的个性?

学习篇

哈佛教授也“疯狂”
——活到老，努力到老

在激励人们学习的名言警句中，有句古话叫作“活到老，学到老”。而哈佛的教授们则让我感到他们是活到老、努力到老。年纪一大把了，还在努力地做着教学和科研工作，有点为教学和科研而疯狂的感觉。

Ellen J. Langer 教授

先说说邀请我到哈佛访学的 Ellen J. Langer 教授吧。Langer 教授出生于 1947 年，到 2015 年时已经年满 68 岁。她在上课时，经常会笑侃自己的年龄，然后说大家都赶快忘记吧。这让大家都能感受到她的幽默。

Langer 教授是一名社会心理学家，也是哈佛大学心理学系首位获得终身教职的女性。40 多年来，她专注于进行 mindfulness 方面的研究，出版了 11 本著作，发表了 200 多篇研究论文。她的畅销书包括《专注力》(*Mindfulness*)、《专注学习的力量》(*The Power of Mindful Learning*)、《学学艺术家的减法创意》(*On Becoming an Artist: Reinventing Yourself Through Mindful Creativity*)和《时光倒流》(*Counterclockwise: Mindful Health and the Power of Possibility*)。她近期的著作《威利专注力手册》(the *Wiley Mindfulness Handbook*)是一本专注力方面的论文集，则整合了不少研究者在专注力方面的研究。

Langer 教授被称作“专注力研究之母”(mother of mindfulness)，她的研究还涉及控制错觉(illusion of control)、专注的老龄化(mindful aging)、压力(stress)、决策(decision-making)和健康(health)等。她曾获得古根海姆奖(Guggenheim Fellowship)、世界大会奖(the World Congress Award)、纽约大学校友成就奖(the NYU Alumni Achievement Award)等多项荣誉。

美国心理学协会(APA)在颁布贡献奖时,给予她这样的颁奖辞:“……她的开创性工作揭示了专注行为的深远影响……并给在以前被认为具有不能改变和不可避免的问题的数百万的人们提供了新的希望。Ellen Langer 多次证明,我们的局限是怎样由我们自己造成的。”

就是这样一位教授,在平日的工作中依然是奋斗不止。在每周二下午的实验室例会上,研究生、访问学者、研究助理和其他研究合作者总会把屋子坐得满满的。每次开会,一开始时,Langer 教授总喜欢说,今天有许多的问题要讨论,然后,就会将正在进行的研究依次讲一遍。除此之外,每次都会有许多新的研究提议,要么是体育训练方面的,怎么让棒球运动员更为专注、训练效果更好;要么是老年人记忆方面的,怎么让老年人更为专注于新的变化,记忆力得到提升;要么是饮食方面的,怎么让老年人的饮食更为专注,能专注地品尝每一口食物;怎么样让老年人能回到一二十年前的状态等等。总之,研究是将重点放于老年人及其专注,但将研究领域扩展开来。

每次,看着 Langer 教授在实验室例会上滔滔不绝地讲着,我的心里都不由得很感动:像她这个年纪,只差两年就 70 岁了,许多的人都是在家安逸地休息了,可是,她还那么努力地想着科研的问题,还要四处讲学,还要争取经费,真的是非常不容易呢。我想,当我到了她这个年纪,我能像她这么努力么?我在心里想,很难。所以,我真的是觉得佩服呢。觉得我们大家都应该学习她的奋斗精神,在自己的学习、工作上多一些努力和坚持!活到老,也拼搏到老!

Jim Sidanius 教授

Sidanius 教授是位黑人,年纪应该也挺大了,他是为心理系研究生们主讲心理的多元统计课程。在这一门课程上,我见识了 Sidanius 教授对教学的努力和认真。首先,是课时量,仅这门课程,就要周一中午一个半小时、周三中午一个半小时,一个学期下来是 25 次授课;另外,每周四晚上还有一个半小时是由助教带领同学复习及做作业。每次课，PPT 都是好几十页，我们学习感觉很困难，老师准备应该更难吧？

因为统计很难，多元统计更难。在授课过程中，Sidanius 教授总是用较为慢速的方式来讲解，努力让同学听懂一个个公式。感觉 Sidanius 教授的教学偏重于理论，在计算机给出计算结果后，他还非常注重让同学弄懂这个结果是怎么来的，怎么从公式推导出来的。这样，让课程的难度大增。因为课程难度大，Sidanius 教授怕同学听不懂，所以，在他的课上，他总是每过几分钟就会提问同学。同学回答不出，似乎也没有关系，他会继续讲解，似乎主要目的就是提问本身而已。

这样，一学期下来，我们学习了多元回归、回归诊断、主成分分析、探索性因素分析、验证性因素分析、路径分析和结构方程模型等内容。每次，看着课程网站上的阅读资料、课件、数据等，真心觉得 Sidanius 教授在准备课程上花了太多的心血。

临近期末时，Sidanius 教授感冒了。有一次，刚开始上课时他就说，自己身体感觉不舒服，有点头痛，所以今天要提前下课。他的这番言论让大家乐坏了，教室里气氛顿时很热烈，大家难以言喻地觉得开心，难以隐藏脸上的笑容。因为课程难，大家想休息，这人性都是共通的嘛。我心里也有点小开心，但也觉得挺不好意思的，毕竟老师生病了还坚持上课呢。于是，课程继续进行中。Sidanius 教授继续像往常那样讲解、提问、再讲解、再提问。到后面下课时间到了，大家才发现前面白高兴了，这分明是一次正常的课程学习啊。

虽然 Sidanius 教授对人很和蔼可亲，在课堂上学生们也是直呼他的名字"James"，在这学期的课堂上，似乎只有笔者我一人是称呼他"Professor Sidanius (Sidanius 教授)"。可是，Sidanius 教授的课程要求却是不低的。这个学期，在这门课上，是要要求学生完成 10 次书面的家庭作业，每次家庭作业题量不小，但允许两三位同学组成一个团体共同完成。期中有三小时的期中考试，期末还有三小时的期末考试。这真是催人奋进的节奏啊！

Sidanius教授对每位同学都很认真负责，提问问题不遗漏，每次课每位同学至少都会被提到三次以上；而且，教授回答问题也是尽心尽力。即便对我，我说我只是想坐在教室里面听听课而已，可是，刚开始时，Sidanius教授还要求我也完成家庭作业，说，这样对我掌握知识比较有好处。直到后面我发现自己的时间实在是难以完成那么多的作业，教学助理才告诉我说，我不用完成家庭作业了。从这里，Sidanius教授对教学的认真负责可见一斑了。

课余我稍微查询了一下，这学期，Sidanius教授还有另外两门研讨课：非洲人和非裔美国人研究（African and African American Studies）和团体交往（Intergroup Relations）。看来哈佛教授的教学也挺不容易的呢，工作量挺不小的呢。

另外，让我对哈佛教授"活到老，努力到老"很深有感触的是听讲座的时候。哈佛的讲座很多，在各种讲座上，都会看到头发斑白的教授们。而且，这些教授都是认真倾听、积极发问的人。每次讲座进行中或讲座结束后，教授们总是会积极发问，再虚心听取讲座主讲人的解释。

最后，我想说：作为教授，能如此努力地做着科研和教学，不正是心理素质良好的体现么？

研究生的苦与乐

学习很苦，学习也很快乐，我对此深信不疑。能考入哈佛的研究生应该都是非常棒的，我对此也深信不疑。前面一篇讲了讲授多元统计的教授，这里我想先来谈谈这门课程中学生的情况。因为的确我在多元统计这门课上花的时间比较多，与同学们见面多，相对也比较了解和熟悉了。

在课堂上，同学们给我的总体印象是：听课非常认真，课堂提问非常积极。

在这门课上，老师本身就会有很多次提问，同学们需要回答很多的问题。但除此之外，同学们的主动提问几乎是一直不停。整个课堂一直都是处于一种积极、活跃的状态。统计课程很枯燥，很艰难，大概也只有通过这种活跃的方式才能进行下去了。看着大家学习的劲头，我真觉这很辛苦的学习也充满了快乐。

而对我来说，我学得却是非常的痛苦。因为多元统计本身就很难，加上是第二种语言的学习，我感觉每次课程我都是需要非常坚强的毅力才能坚持下来。我很想放弃，但又觉得于心不甘。所以，我就开始了自己的调查、询问工作，问周边的几位同学，他们在多元统计这门课程上一般会用多少时间来预习和复习。

我问的第一位同学是S。S同学课堂提问特别积极，我观察下来，每次课堂上她的主动提问至少是三四次。她记笔记也非常认真，经常是带着笔记本电脑，在电脑上打开PPT，随着老师的讲解做着记录。我问她："一般来说，在这门课上，你每次课前要花多少时间来预习?"没有想到，她的回答是："It kills me.（它简直要我的命了。）"然后才说，每次的确是会花许多的时间在这门课程上。是啊，毕竟这课太难了。不过，每次课上，脸上笑容最灿烂的也是这位S同学。这也许就是特别苦的学习结束之后就会体验到特别的快乐了。

坐我旁边的L同学也是在课堂上经常会被提问的同学。看他回答问题时大多都能回答出，所以，我也想问问他，没有想到，他对我说，他每次就是提前看看课件就好。我有点不相信，说，那么那些推荐阅读的书不用去读吗？L回答说，需要阅读的材料太多了，不可能全部阅读完，如果提前阅读过幻灯片，其实也就可以了。L的回答给了我比较多的信心，因为如果只是阅读幻灯片，应该我还是能做到的。事实证明，只要提前阅读过老师提供的课件，的确在课堂上就能感觉轻松许多呢！

最值得记录的是J同学。他是这门课程的教学助理（teaching assistant）。我一直都以为他是授课教师的研究生，直到后面很久才知道他其实是另外一位教授门下的研究生。因为他是教学助理，他要负责将课程信息发送给大家，要做PPT并在周四晚上为大家复习刚学过的内容并讲解一点新的知识，组织大家完成家庭作业，并每周安排一次时间回答课程相关的疑问。我拿着同样的问题去问他，他直接跟我说，是的，他会花许多的时间去预习和复习，还要做PPT带领大家复习等。我说，但是我问过L，他说只用看课件就可以了啊。J说："这个问题的确是看个人了，也许L在某些知识上基础好一些，就可以只是看课件，但如果想要学得更好一些，建议还是花一些时间阅读一下那些推荐阅读的图书。"然后，他给我展示了他的图书，上面用铅笔勾画得密密麻麻的，老师上课的课件他也是打印出来，上面也一样地写满了各种的符号和记录。这还用说吗？其中所下的功夫不言而喻！在三月底，我收到心理系群发的邮件，这一年美国国家科学基金会奖学金（NSF fellowships）的名单中，就有J的姓名！可见，机会的确是给努力的人的。J同学在学习中的努力和认真，给我留下了非常深刻的印象。学期结束，我数了数，J给我的课程邮件是44封。唉，他在这门课程上花的功夫应该是最多的了。看他每日乐呵呵的样子，我觉得他的研究生生活真是非常快乐呢。

其他的同学我没有一一记录，但是，从总体上看，我真是感觉到了一种学习的精神，他们都学得那么投入。

因为哈佛心理系的研究生一般是五年的学业，所以，在研究生二年级时会举行一年一度的二年级项目报告会（Annual Second-Year Project Presentations），这个报告有点类似于国内的硕士论文答辩。报告会通过后，学生可以获得硕士学位。报告会是在学期快结束的时候，用一整天的时间来举行的。每位研究生用10分钟的时间展示自己的研究，然后是观众提问。2015年这一年，有14名研究生在报告会上陈述了自己的研究。我感觉，通过这种方式可以非常好地鼓励大家做科研。研究的过程很苦，但在报告会上获得众人的认可是很快乐的事情。

在哈佛心理系认识这些研究生，一种方式是在课堂上，另一种方式则是在各种讲座上。这里的讲座真是非常多，几乎每个工作日都有两三场讲座。心理系比较固定的是每周二有社会心理学午餐会(Social Psychology Brownbag)和每周四有认知大脑和行为午餐会(Cognition Brain and Behavior [CBB] Lunch)。此外,还有其他各种讲座、研讨会。系里的行政人员会提前通过邮件的方式将讲座的信息发送给大家。因为心理系和社会学系同在一栋大楼,所以推送给大家的讲座信息一般是两个系的都包括了。所以,在这里的生活除了听课之外,就是参加各种讲座了。日子被排得满满的。在讲座上,气氛与课堂差不多,同学们依然是听得非常认真,然后讲座结束后,就是各种各样的提问。在这里,到处都充斥着学术、学习的气氛。

学习的确是痛苦的、艰难的,但是学习可以让人感觉到充实、感觉到快乐。如果你的眼中看见的是别人的努力,你就不会为自己的努力而感觉辛苦。希望我们大家也都能日日体验到学习的快乐!

哈佛学生的裸奔

之前就听说过,哈佛在期末考试前夜有学生裸奔的传统,称为原始的尖叫(Primal Scream)。据说,哈佛大学的学生们,是在 20 世纪 60 年代起在期末考试前夜打开宿舍窗户尖叫 10 分钟,到 90 年代则演变成每年进行两次考前裸奔活动。

2014—2015 学年春季学期是 5 月 7 日开始考试,所以裸奔是在 5 月 6 日周三晚间 12 点。早几天就看见群里有人在议论是否去围观。我也有点好奇,但是感觉时间太晚了——夜间 12 点!如果真去围观了,回家就快凌晨 1 点了;而且如果真到现场看见那么多裸体的学生,似乎也会有点不好意思。算了,在群里等现场直播吧。

听说去围观的人很多,围观者大多是亚裔的学生学者。裸奔的地点就在哈佛庭院(Harvard Yard)内。我们群里拍摄视频的人也是站在哈佛雕塑的旁边拍摄的。

有人用“惊悚”一词形容那裸奔的场面,说,呼啦啦地一大片人体就出现了,裸奔的人群呼啸而来。特别地,现场可是有乐队奏乐呢。乐队是哈佛的学生乐队,还穿着乐队深红色的服装,就在有名的哈佛雕塑旁,敲鼓的、吹号的……让现场气氛欢快无比、兴奋无比。所以,裸奔的场景就是:在乐队奏乐、裸奔者尖叫及观众呼喊声中,裸奔的学生们一群群地跑过。我稍微数了一数,这次裸奔的人数在 300 人左右。裸奔过程中,还有一名观众站在乐队指挥旁边与迎面跑来的裸奔者击掌,的确,不少裸奔者也都纷纷与那名观众击掌、打招呼。

图 6-1 哈佛学生的裸奔

裸奔群体中男生居多,长发飘飘的女生也不少;外国学生是绝对多数,中国学生也散见其中;白人学生居多,黑种人、黄种人学生也有一些。听说,我们所在的中国学生学者群中也有人参与裸奔,大家都议论说,敢于去裸奔的人,身材都超级棒。哈哈。裸奔的学生学者的确大多是全裸,少数穿了内衣、戴了假面舞会面具、帽子之类的装饰物,也有背着书包、拿着衣服的。看他们有的还手牵着手跑过，大概是相互支持、鼓劲。最后跑过的几位则是滑轮压轴。整个裸奔人群从雕塑前跑过，差不多用时一分半钟。

在网上，有不少关于哈佛裸奔的新闻，有人说，裸奔是因为“心理压力过大，通过裸奔来释放自己的不良心理”；在维基百科上也有对裸奔的大段的介绍：“在阅读复习（reading period）的最后一天晚上，也即期末考试开始的前夜，学生们在哈佛庭院里裸奔。裸奔从庭院的北端开始，通常是跑一圈，但是也有学生会跑上好几圈。裸奔在两个学期都会有，即便是在新英格兰的冬天。”有人说，“参加裸奔的学生，并不全为减压而来，有些人是为了在大学里疯狂一把，让年轻不要‘留白’；有些人是为了挑战自我——裸奔需要很大的勇气。”笔者在哈佛本科学院（Harvard College）的学生博客中，看到有亲历者记录自己裸奔的经历和感受。她记录说，觉得活动很疯狂、很有趣，在紧张阅读、复习应考期间，裸奔的确释放了不少的压力，让她感受到一种不受约束的感觉，觉得很兴奋、很快乐。

我相信哈佛本科学院学生的描述，他们参与裸奔的确是释放了一些考前的压力，但我猜想，不少参与者其实是觉得好玩、刺激，以及对从未从事过的事情的尝试。我想，对于心理素质的成长来说，这其实也是一项很好的锻炼。在一定的时间和合适的场合，尝试一下自己没有尝试过的事物，挑战一下自己的勇气和毅力，那么，在日后漫长的人生征途中，也可以给自己一些激励或将其作为谈资。但当然，这样的活动需要合适的环境，需要合适的时间，并需要合适的人……

学习方法大比拼

学习要讲究方法。心理素质的良好也反映在学习方法的正确、高效等方面。

首先,我想回顾一下我家孩子的学习,因为从小孩子的学习中,特别是语言学习方面,大学生或成人也能得到一些启示。

随同父母到哈佛访学的孩子们一般是就近入学。在入学前一般需要参加一次语言测试,然后再被决定分到哪个班。我们是稀里糊涂地到了一个班,起初也不知道这个班怎么样,只是知道学校离家近,很方便、很开心而已。但是后来,有不少的家长问我:"你家孩子是怎么分到普通班的呢?有什么好的学习方法啊?"我才心中疑惑:"普通班?还有什么班呢?"然后,别的家长才告诉我,学校一般有两种班级:一种是普通班,就是班级中主要是美国小朋友,偶尔插入一个或两个其他国家的孩子;另一种则是国际班,这种班级里的孩子主要是从其他国家来美国暂时借读的孩子。当然了,普通班的学习难度大一些、进度快一些,而国际班的学习难度小一些、进度慢一些。家长们问得多了,我也不由得想了想自家孩子的英语学习情况。

在上海,英语学习还是挺受重视的,周边的小朋友们经常是从幼儿园开始就四处参加一些价格不菲的英语培训班。有不少朋友邀我们一起去学,但我家孩子似乎是从小自由惯了,什么培训班都不愿意参加。看着别家孩子在各种培训班学习着,我还是有点担心:以后与小朋友的差距太大了怎么办?于是,我与孩子商量:你不上培训班可以,但是,你要自学一些英语,免得与小朋友的差距太大了。孩子同意了:只要不上培训班就行。于是,我从书店买了一些英语书、英语磁带、点读笔,又从网上买了些英语 DVD,孩子就开始了自学。学习也挺随意的,她自己愿意时,就自己放着听或看。不得不说,现在的英语动画片都挺有趣的,孩子看了又看,非常感兴趣,不需要家长提醒。似乎这样就有了一些语感。在幼儿园中班时,有一次我偶然听见孩子居然可以随口背出几句《白雪公主》英语故事中的句子。这真是太让人觉得惊喜了。刚好那段时间幼儿园老师要求大家准备表演亲子节目,于是,我们准备了一个表演英语故事《白雪公主》的节目。我想,这算是一个锻炼吧。在班级表演时,小朋友家长们都纷纷表示不错。所以,在幼儿园阶段,主要是通过读感兴趣的故事和看有趣的动画片,获得了一定的语感。

上了小学后，我们依然坚持没有上课外培训班，就只是班级每周两三节英语课的学习而已。在家里，依然是她自己空闲或无聊时看看英语动画片或听听英语磁带。与坚持在培训班上外教课的同学相比，我们在英语语言获得方面肯定是迟滞一些。但我认为孩子不讨厌英语学习，知道这是一门语言，学会了就可以与外国人交流，知道在现代社会能多讲一门语言还是挺重要的，这已经足够。小学一年级时，学校举行英语比赛。老师给了所有孩子三段材料，让大家自由选择其中之一，先在班级比赛选出三、四名，然后再年级比赛。那段时间我工作较忙，也没有给她多少督促，都是在快要参加年级比赛时，才抽空帮忙做了几页图片道具，看她表演了几次。比赛结果挺让人惊喜的，孩子居然获得了年级一等奖！猜想那次比赛的成功，给了孩子无比的动力，让她觉得学英语挺棒的，还可以得奖。在小学一二年级，在学校学习的基础上，我觉得孩子学习的成效主要在于反复地观看动画片。因为动画片提供了一种语境，在反复欣赏的过程中，让她学会了更多的句子。

图 6－2　Isa 的画作

我们是在2014年六月中旬知道将在两个月后赴美国学习。当时，我也很担心：孩子将到一个全英文的环境去上小学三年级，她能应对吗？但我也不知道该如何帮助她提高英语。有朋友建议说赶快参加一个培训班吧，但孩子依然不太愿意，而我也很忙碌，就只好让她自己依然是看看动画片、听听磁带。然后，就这么到了美国。

在参加英语测试时，其实，孩子的语言能力只是一般，但是那老师觉得还勉强可以，所以就被分配到一个普通班了。而今，在美国经过将近一年的学习，孩子的英语能力得到非常大的提高，英语学习习惯、英语学习方法得到了较大的提升。每天的家庭作业，她都非常愿意自己阅读半小时的英语故事书，然后写一两个句子。在每次的家长会上，老师都会给我们展示孩子的学习资料，老师评价说，我家孩子的英文写作能力很强，已经能写很长的句子和段落了；英语的听说能力也有很大的提高，在班上会讲许多的话；但是，拼写单词似乎还需要大的提高，还有就是语法也需要提高。对此，我一点也不诧异，孩子是这么自由散漫的学习，当然许多的单词是拼写不出来的，而语法的确还需要多积累。而且，当我看着他们的阅读材料和作业单时，许多的单词我自己也不认识，我也就不好对孩子的学习提出较高的要求了。我想，在这一年的学习中，她对英语图书不反感，愿意自己阅读，能大致读懂书的意思；能写作出一两页的文章；能与美国的老师、同学日常沟通交流，听说没有大的问题，这对语言的学习应该算挺好了。可见，作为妈妈，我对孩子的要求一直是得过且过的。

从上文的叙述中，大家肯定已经总结出我家孩子的学习方法了：那就是将学习当成一件有意思的事情，不去死记硬背，而是对自己感兴趣的材料多看、多听、多重复。我们的母语学习，不也正是如此吗？小孩子的兴趣是发展变化的，孩子在幼儿园阶段，喜欢有关公主的书，就反复地看和听公主方面的英文故事，特别是《白雪公主》的故事；在小学阶段，喜欢芭比的故事，则重复地看和听芭比方面的英文故事。我还记得有一段时间孩子很喜欢《芭比之公主学校》，她便反复地看，一遍又一遍，兴趣浓厚得不行，里面的歌曲会唱了，一些句子也会说了，在过一段时间后还会找出来自己再看看。

我不能说我家孩子的学习方法肯定就很好，我更不能说我家孩子的英语成绩或能力很好。但是，她不讨厌学习英语，她愿意阅读英语故事，她能与老师、同学较为顺畅地交流。我认为作为一门语言，这是打下了比较好的学习基础。

我想，从小孩子的英语学习过程中，的确可以给大学生及成人以不少的启示：找到自己感兴趣的材料，反复多听、多看，输入多了，积累多了，能力自然就得到了提升，这也是心理素质的提升了。

但是，可能有人会说，小孩子的记忆力很好，我们成人没有办法借鉴。那么，了解一些心理学的记忆原理，应该会比较有帮助。从心理学上讲，记忆是通过识记、保持、再认或回忆的三个基本环节在人脑中积累和保存个体经验的过程。记忆过程的这三个基本环节是相互依存、紧密联系的。没有识记就谈不上对经验的保持；没有保持，就不可能对经验过的事物进行回忆和再认。所以，要想在各科学习中培养和提高记忆力，我们也就要从这三个环节着手。具体如下：

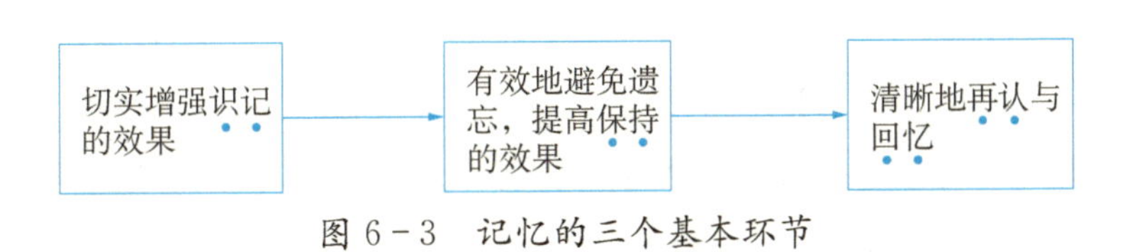

图 6－3　记忆的三个基本环节

一、切实增强识记的效果

识记的效果，即平常所说的学习的效果，受到许多因素的影响。但其中识记的目的、学习者的态度、材料的数量和性质、对材料的理解程度以及学习方法等对识记的效果影响较大。要想增强识记的效果，也就要注意这几个影响因素。

1. 明确识记的目的和任务。学习目的明确、学习态度端正积极是提高学习效果的重要因素。所谓“磨刀不误砍柴功”，花一些时间来认识学习的重要性，为自己确定明确的学习目标和学习任务，是后期学习中能表现出优良记忆力的前提。

2. 注意学习的数量和性质。学习内容的数量和性质会影响识记的效果，在单位时间内需要记忆的数量越多，则遗忘也越容易发生，所以，在学习的过程中要注意每次需要记忆的量——不要太多，当然也不要太少。

3. 加强对学习内容的理解。我们知道，意义识记比机械识记效果好，在理解的基础上进行记忆，可以让记忆变得容易许多。例如，“在墙上有一扇窗户”用英语表达应当是“There is a window in the wall”，而人们经常会误用成“on the wall”。那么，想想窗户是嵌在墙里面的，所以用“in”，就会牢记这个知识点。

4. 注意学习的方法。在学习时，一般有三种方法，即整体识记法、部分识记法和综合识记法。整体识记法是将所要学习的材料整篇阅读，直到能背诵为止。如果要学习的内容比较短而且有意义联系，可以采用整体识记法。部分识记法是将所要学习的材料一段一段地识记，直到每段都能记住为止。如果所要学习的内容没有什么意义联系，可以采用部分识记法。综合识记法是先整体识记，再部分识记，最后再整体识记，直到全部都能背诵为止。一般来说，识记效果最好的是综合识记法。所以，在学习记忆一段材料的时候，就要注意记忆的方法，先整体通读，知道该文的整体内容；然后，一段一段地攻克；当记忆得差不多的时候，再整篇阅读与记忆。

5. 在学习中学会将尝试回忆与反复识记相结合。这是因为尝试回忆可以让人发现问题，知道自己没有记住的地方在哪里，就可以将时间和精力集中在没有记住的地方了。

6. 多种感官参与识记过程。听、说、读、写、用的协调使用，可以使学习效果更为显著。

7. 提高记忆的容量。要想扩大记忆的容量，就必须对材料进行组块化，即对材料进行组织加工，使材料间形成规律性的联系，这是提高记忆容量的有效方法。因为人类短时记忆的容量有限，记忆广度为 7±2 个组块（Chunk），即 5—9 个组块，其平均数为 7。如在记忆单词时，许多学生是逐个字母地记忆，在单词的字母小于 9 个时还可以应付，但如果字母超过 9 个则效率就很低了。为了提高记忆的效率，对材料的精心组织就显得十分重要。

8. 提供语境帮助识记。这正如前文所列举的通过动画片学习英语一样，正是在语境中的学习可以帮助人们记忆深刻。

二、有效地避免遗忘，提高保持的效果

保持是记忆过程的第二个环节。如果所学习的内容不能很好地保持，识记过的内容不能再认与回忆，或者是错误的再认与回忆，即是出现了遗忘。为了有效地避免遗忘，提高保持的效果，需要注意的问题有：

1. 及时复习

德国心理学家艾宾浩斯最早对人类记忆和遗忘规律进行了实验研究。其结果表明，遗忘的进程是不均衡的，有先快后慢的特点。也就是说，人类的遗忘不是均速进行的，刚学过的内容在短时间内遗忘比较快，遗忘的量也比较多。随着时间的消逝，遗忘逐渐缓慢下来，到了一定时间，几乎就不再遗忘了。艾宾浩斯是用无意义音节作为记忆材料进行的研究，后来陆志伟（1922）用有意义材料进行研究，证实了遗忘进程的这种趋势。这给我们的启示是：要想学习效率高，要想记忆效果好，就要及时复习。

2. 合理地分配复习时间，分散复习与集中复习相结合。复习时，时间过分集中，容易出现抑制；过于分散，又容易发生遗忘。

3. 复习方式多样化，运用多种感官参与复习。采用多样化的复习方式，可以让人感觉新颖，容易调动起学习积极性。比如在复习英语单词时，除了采用默写的方式，还可以采用看图写单词、词性变换等方式，以降低复习的枯燥性。

4. 过度学习。学习程度越高，遗忘越少，过度学习达 150%时保持的效果最佳。即原本只要学习 10 遍就能记住的内容，要学习 15 遍，从而可以巩固记

忆的效果。

5. 注意学习材料开始的位置。我们都有体验,记忆的英语单词表或一篇英语文章,一般都是开头和结尾的内容容易记住并不容易遗忘,而中间部分,特别是中间偏后的部分,容易遗忘。许多人每次拿起单词表,都是从A开头的单词开始记,或从Z开头的单词倒着记,结果单词表中,前面、后面的记忆效果很好,而中间部分却始终觉得很陌生。这是因为记忆中前摄抑制和倒摄抑制①的作用。所以,在拿到一篇学习材料的时候,不妨经常变换一下开始学习的位置。

三、清晰地再认与回忆

记忆过程的第三个环节就是再认或回忆。再认是指经验过的事物再次出现时,感到熟悉并能识别确认的过程,如考试中的选择题等。而回忆是过去经验过的事物不在面前,能在头脑中重新呈现并加以确认的过程,如考试中的单词默写、填空题等。再认或回忆会受所学内容的巩固程度,以及活动任务、兴趣、情绪状态等的影响。要想清晰地再认或回忆,最为基本的一点就是要尽量让所学习的内容较为巩固。在此基础上,注意以下几点:

1. 适度紧张。动机会影响学习效率,如果在学习或考试时一点也不紧张,则没有充分地调动起个体的积极性,其学习效果不会很好;而如果能认识到该次学习任务完成或该次考试完成的重要性,充分地调动起个人的主观能动性,做到适度的紧张,则相关的知识点就会较为容易地再认和回忆。可以从两方面调整紧张程度:

(1) 合理看待学业成绩。多数学生都能意识到学习的重要性,但是有不少学生不能合理面对学业成绩。部分成绩很不理想的学生往往认为自己再学习也很难提高分数,因此学习时几乎是没有任何紧张感,学习动机很弱;部分成绩

---

① 前摄抑制是指先学习与记忆的材料对后继学习与记忆材料的干扰。先、后学习的两种材料越相近,干扰或抑制作用越大。倒摄抑制是指后学习与记忆的材料对先前学习与记忆材料的保持与回忆的干扰。

优秀的学生往往特别看重分数的高低，因此考试时容易过于紧张，学习动机过强。基于以上现状，建议大家要意识到成绩固然重要，但更重要的是自己尽力而为。同时不要只看重成绩，还要看到学习给实际生活带来的帮助，比如学好英语后，可以看懂电脑游戏中的英文指导语，听懂外文动画片，学唱英文歌，与外国人交流等，这些都是学生想要获得而且也比较容易获得的成就，成绩不理想的学生可以从生活中寻求到学习的成就感，从而增强学习的动机。

(2) 掌握调节情绪的方法。如，平时学习感到非常紧张时，可以找人倾诉、散步或者做运动，以此转移注意力；如果考试时感到紧张，则可深呼吸 3—4 次。

2. 学会积极联想。利用联想，可以有效地提高再认和回忆的效果。如，利用接近联想，由一个知识点想到另一个在时间、空间上与之较为相近的知识点；对比联想，由一个知识点想到与之相反的另一个知识点，如反义词的联想与回忆；类似联想，由一个知识点想到另一个在性质或特点上较为相似的知识点。

3. 利用图片提取记忆。这是因为，图片记忆往往比文字记忆容易。

总之，学习是一个长期的过程。我们要了解记忆的心理学知识，从记忆的识记、保持、再认或回忆这三个基本环节上下功夫，在学习中切实地培养提高自己的记忆力。可以说，再精巧的记忆术、再优异的学习方法也不外乎如此。这即是学习方法大比拼！

人际交往篇

邻家有个夜哭郎

这天不知道什么情况，邻居家 10 个月大的孩子哭得凄苦无比，整整两三个小时了，没有停止的迹象。我很惊异我家孩子在这么吵闹的哭声中居然能睡着，大概今天太累了？我不敢睡，得等隔壁孩子停止哭闹。

说起这家邻居还有一个很巧的故事。当初在我被邻居小孩每晚哭闹声干扰得不行时，我不知道该怎么办。我不想找警察，担心太小题大做；我也不想直接找邻居交涉，感觉会显得自己太不宽容。但是，我是很烦恼的，因为有几天晚上，半夜哭闹声把我家孩子从睡梦中吵醒了。这真的印证了之前朋友告诉我的经验——美国的房子隔音很差。就在那几日，我在参加一次哈佛的活动时，新认识了一位年轻的老师 M。她是活动的组织者之一。大概是她问及我近日的情况，我居然对她说了邻居家孩子半夜哭闹影响我家孩子睡觉的事情（后来其实我也觉得挺奇怪的——我怎么就对一个刚认识的几乎陌生的人倾诉这样的问题呢？我可是没有对另外的人说起过呢。）。她宽慰我说，孩子会长大的。不过她也说，她们家有个 6 个月大的婴儿，她也担心是否会影响自己的邻居。于是，她再次问了我家的房号，也说了她住几号，我们之间的房号相隔好几个数字呢，所以我根本没有多想。我猜，她应该也在想，幸亏我们不是邻居。

后来，孩子的哭闹声好了许多。我只是庆幸，大概孩子真的是长大了。

可是，再后来一次哈佛的活动时，一位男士过来对我说，他是 M 的丈夫 Jeff，并说，他们是我们的邻居。我说这怎么可能呢？我们之间的房号不是相差好多数字么？他说我们这个楼是两个号，我们刚好是不同的入口，但是房间相邻。哦，真的是很 funny（有趣、奇妙）。我这才知道，为什么后来孩子的哭闹声变小了。我问，孩子是不是不舒服，或是没有吃饱？他说不是，说他们家孩子就是喜欢哭……唉，真的是不容易，一对年轻的爸爸妈妈自己带孩子。妈妈白天在哈佛上班，爸爸则全职带孩子。我很理解他们的辛苦与不容易。

慢慢地，我们都习惯于隔壁有个哭闹的孩子了。我们经常是晚上睡觉之前在床上看看英语故事书，等被书催眠得困得不行了，才开始睡觉。这样，即便周围有一点吵闹声，也不会觉得太受干扰。

图 7-1　邻居家的孩子

有一天，在路上遇见孩子的爸爸，他挺不好意思地对我说，前一天晚上孩子又比较哭闹，是因为他的牙齿痛。他们已经给他用了药，但孩子不舒服，所以哭闹比较严重。说，他本来是准备过会儿给我写个邮件解释一下的。我说，没有关系，我们已经不太受影响了。又一日，在校车上遇见这对夫妇，孩子妈妈又歉意地向我解释孩子啼哭的原因，孩子爸爸说，他已经跟我解释过了。我说，没有关系，我们都已经习惯了。

我还记得第一次和那孩子的爸爸见面时，那孩子的爸爸说："孩子吵闹对你们不好(bad)，对我们更糟(worse)。"初听觉得挺好笑，觉得这爸爸可真好玩，居然这样来评论这件事情，可后来再想想的确也是如此。我们再怎么也是隔了一层墙壁的啊。

理解别人，心存宽容，情绪就会平和。在人际交往中，多沟通，心存理解和宽容这真的很重要。一方面，我们维护了良好的邻里关系，更重要的是，我们保持自己良好的情绪。妈妈的情绪会影响孩子的情绪，妈妈的想法也会对孩子产生重要的影响，所以，现在我们都不会太为隔壁有个夜哭郎而烦恼了。而且，正好像"不打不相识"，我们还因此多了一家关系相对亲密的邻居。

我对这个故事叙述这么多，是因为这个故事让我想起自己以前咨询过的不少来访者。在大学校园里，宿舍关系永远是一个问题。仅仅说睡眠习惯吧，有人喜欢晚睡，有人喜欢早睡；有人喜欢开灯睡觉，有人喜欢关灯睡觉；有人喜欢听着音乐入睡，有人需要彻底安静才能入睡；有人喜欢早起，有人喜欢赖床……这种差异太多了，不胜枚举。我以前经手的一个案例L就是因为睡眠方面的问题导致神经衰弱，几乎不能正常求学。L是一个需要彻底安静才能入睡的人，而她的室友呢，总会弄出些声响，于是，L在床上躺着，总是需要等所有同学都睡着了，才能入睡。而且，中间还非常担心有同学打呼噜。同学打呼噜了，L会被惊醒。早晨，有个同学的闹铃总是很早就响了，而且那同学也特别喜欢弄得塑料袋窸窸窣窣地响，于是，L早晨很早就又醒了。睡眠不足，心情不爽，整个人蔫蔫的，爆发时又像个快要爆炸的气球。一段时间后，与同学关系有点僵了，于是乎，心里也比较紧张。说，已经去医院看过了，是精神衰弱了，自己内心很痛苦、难过，简直不想继续学习了，想退学！幸亏，她知道求助于心理咨询。在咨询师的鼓励下，也愿意尝试挑战自我。首先是主动与室友沟通交流，争取室友的理解，晚上大家统一睡觉的时间，早晨的闹铃也稍微不要那么早；其次，自己每天晚上都通过睡前阅读、记英语单词等方式，让自己疲倦后再上床睡觉；再次，尝试使用眼罩、耳罩，减少同学呼噜声和室外光线的影响。另外，阅读一些心理学书籍，放松心情；为自己设计合理的学习目标，让学习充实自己的内心。经过一段时间的调理，L终于能告别神经衰弱，重拾与室友友好相处的快乐。

像这样的案例很多，其实，只要我们在生活中学着宽容，在非原则性的问题上善于宽容别人，让自己的内心平和，积极适应环境，再尝试积极地沟通交流，每个人都能在人际关系中取得成功。

“不公平”！

2015年4月，下面这段话语在网络上被转来转去，大概让无数人的心里起了涟漪：

“2010年暑假，哈佛大学出钱送我去联合国实习，地点是马尔代夫。为了得到这个机会大家抢破头，不过天下有人的地方就有关系，这也是在学生会做主席的好处，直接跟分管老师配合，提早知道了这个机会，提交第一份申请。最终自然是合格的申请人先到先得，很公平地解决了问题。”

我是在一些群里看见有人将这个段落选中发送给大家，所以特别查询了一下，心里也勾起了一些回忆。我很理解，在学校读书的学生很难不在意一些评奖、推优的机会。如果没有被推举，加上感觉不公平，是非常容易让人心生怨气的。这种感觉可能比社会上一些官二代、富二代给人的冲击还大一些，因为评奖、推优之类的事情感觉距离自己近一些。

可能有人会说，他是当官的，与老师关系好，平时帮老师做事多。有好机会了，当然老师就会优先照顾了。许多说着这样话语的人，可能会感觉忿忿不平。但我们是否有想过：那么，我为什么不努力去做那个当官的学生呢？要当官，其实也是挺难的呢。另外，如果你是那个分管评奖、推优的老师，你在面对平日积极参与工作、与你熟识的人，和你根本就不太了解的人时，在几位竞争者条件相当的情况下，你会选择谁呢？答案大多是前者。所以，如果你能如此换位思考，问题可能就容易理解许多。

生活中，经常会有一些时候，某人自认为自己学习好、表现好，以为下次的评奖、评优或入党等肯定非己莫属，可是，结果出来后，没有自己的名字。失望、气愤、愤懑、觉得不公平、嫉妒、悲观、自卑……各种情绪交织在一起。生活似乎陷入无边的黑暗之中，觉得前方没有亮光。

当你陷入这种情绪之中，当你对生活充满了愤恨，怎么让自己尽快接受这个事实呢？当你面对身边让自己觉得不公平的人际关系，感觉太难受时，该如何应对呢？

首先，当然是擦干眼泪，直面当选者的优点与长处。我们每个人都有一点自恋的小思绪，都觉得自己还不错，但是，许多时候，我们也得承认他人的优点。看到他人的优点与长处，是让自己尽快接受事实的好方法。嫉妒的心理虽然让人内心翻腾不已，但也有激励人进取的好处。将他人的优点作为自己奋起的动力，为下一次机会而努力吧。

其次，有些时候有些事情是没有下一次的，或是努力之后也难以达成的，那么，就要学会积极归因，让自己接受。一件事情发生之后，你认为是能力、努力、运气，还是任务难度的问题？在此，归因理论可以帮助大家理清思绪。

归因，即原因的归属，是指人们对于自己或他人行为的原因知觉和判断。归因理论是当代认知理论发展的一个新成果。首先对原因知觉进行系统研究并提出归因理论的基本原理和思想的人是 F. Heider（海德）。Heider 于 1944 年在《社会知觉和现象的因果关系》一书中提出了对现象关系的因果研究，这可以看作是归因问题研究的开端。1958 年 Heider 的《人际关系心理学》（*The Psychology of Interpersonal Relation*）一书出版，标志着归因理论的建立。

20 世纪 70 年代以来，在 Heider 的归因理论和阿特金森的成就动机理论的基础上，当代著名的归因理论心理学家 B. Weiner（韦纳）建立了动机和情绪的归因理论，使归因理论的研究得到了蓬勃的发展。Weiner 将学业成绩的原因归纳为能力、努力、任务难度和运气四个方面，并提出了行为的三维归因模式，把原因区分为原因源、稳定性、可控性三个维度。第一个维度是原因源，根据这一维度，可以将原因分为内在的和外在的；第二个维度是稳定性，根据这一维度，可以将原因分为稳定的和不稳定的；第三个维度是可控性，根据这一维度，可以将原因分为可控制的和不可控制的。一般来说，在与学业成就有关的最主要的四个归属因素中，相对来说，能力是内部的、稳定的和不可控制的，努力是内部的、不稳定的和可控制的，任务难度是外部的、稳定的和不可控制的，运气是外部的、不稳定的和不可控制的。这可以用表简明地表示如下：

表 7-1 Weiner 归因理论的三个维度

归因类别	成败归因维度					
	原因源		稳定性		可控性	
	内部	外部	稳定	不稳定	可控制	不可控制
能力	V		V			V
努力	V			V	V	
任务难度		V	V			V
运气		V		V		V

原因的归属与行为和预期等都有着密切的关系。例如,行为结果的稳定性归因将影响到一个人对未来活动成功的预期。一般来说,如果人们将成功归因于稳定原因所致,那么人们将预期会再次获得成功;而如果将失败归因于稳定因素引起,则必将强化个体未来必败的信念。如果人们将成功归因于不稳定原因(如运气)所致,那么人们将不会预期再次获得成功;而如果将失败归因于不稳定因素引起,则并不预示着下次还将失败。

归因也与情感有着密切的联系。Weiner 认为情绪、情感是在一种特定的行为结果出现之后,伴随着对它的认识的不断加深而逐渐分化、深化的过程,其中对该种结果产生原因的知觉、分析或推断在情绪、情感的变化过程中具有关键性的作用。具体来说,当一种行为结果产生了的时候,人们首先会对该种结果的性质作出“原始的”评价,将其判断为积极的或消极的、成功的或失败的,这可以说是伴随行为结果而产生的一种最简单的认知反应,它将会引起一些简单的情绪、情感反应。成功的结果将会引起喜悦、满意、高兴等积极的情绪、情感体验,而失败的结果会引起不快、失望等消极的情绪、情感体验。Weiner 将这些情绪、情感称为“依赖于结果的”情绪、情感。但由于人是有思想、有理性的信息加工者,人不仅因为对行为结果本身的知觉不同而产生不同的情绪、情感体验,更重要的是因为对行为结果产生原因的知觉不同而有不同的情绪、情感体验。认知活动的深化或复杂化导致了情感体验的深化和复杂化。Weiner 将那些由原因知觉或认知派生出的情绪、情感称为“依赖于归因的”情绪、情感。而且，Weiner 将原因分类与情绪、情感联系了起来，认为情绪、情感的变化也是以知觉到的原因的特性或维度为基础的。如原因源将影响到与个人“自我”有关的情感。例如，将成功归因于能力、努力等内部因素时，个体就会产生自豪、满意的情感，而将成功归因于任务容易、运气好等外部因素时，个体产生的满意感就会少一些；相反地，将失败归因于能力低，个体就会产生羞愧、内疚之感，而将失败归因于任务太难或运气差时，个体的羞愧或内疚之感则会轻些，有助于维护个体的自尊。所以，当你在一些事情上感觉受到了不公平对待，不妨从运气不好、他人有着不同寻常的人际关系等方面去寻求内心的平衡。

而原因的稳定性也与情感有关，如果将成功归因于能力、持久努力、任务难度之类的稳定的原因时，个体会预期自己在类似的活动上还会成功，从而产生积极、乐观的情感体验；如果将成功归因于运气、暂时努力等不稳定的原因时，个体便不能预期自己在类似的活动上还会成功，便可能产生焦虑等消极的情感。但若将失败归因于运气、暂时努力等不稳定的原因时，个体还会愿意继续努力。所以，当你在某件还可能再次争取的事情上失败了，那么，你可以归因为努力不够，激发起强烈的成就动机，激励自己以后更加努力。是的，生活中，有许多的事情可以通过努力而改变。学习上的，可以通过努力预习、听课、复习，让学习成绩直追而上；学生干部方面的，可以让自己学着向辅导员、部门领导积极自荐、主动争取，让自己在任职学生干部中得到锻炼，为以后的评优、评奖而努力。但如果该事情是不可能再次争取的，或者通过努力难以达成的，则可归因为任务太难、运气不好，别人有更好的人际关系等。生活中，这样的例子太多。我们来自不同的家庭环境，接受不同的家庭教育，在某些事情上与别人无法相比，这不是自己的能力问题，而是与别人在人际关系上的差别问题。这种归因，有点无奈，但是，的确可以保护自己的自尊，接受一些让人难过的事实。

可能有人会说，这还是没有作用。那我只能说：那么，你尽量让自己在生活的各种挫折中成长吧。小挫折、大挫折；学习方面的挫折、恋爱方面的挫折、人际交往方面的挫折……大大小小、方方面面的挫折都经历过了,你再遭遇一些挫折时,你会发现应对起来比之前会容易许多。而且,时间也会淡化你的痛苦。就如你现在回首那些当初让你痛彻心扉的事情时,你会觉得再怎么也没有当初那么痛苦了,或感觉那已经是过往云烟了。

而且,公平与不公平是相对的。公平与不公平的标准也是相对的。别人被推举了,你认为不公平。但若是你被推举了,别人是否也会认为不公平?心胸开阔一些,看问题长远一些,你就能不再纠结于一些不公平的人际关系,或者说,能从不公平的人际关系中找到让自己更加成熟的成长方式。

恋爱的感觉

我的一位哈佛的朋友W最近似乎陷入了恋爱之中。这位朋友是个球迷,平日里他除了基本的学习、工作之外,几乎所有的时间都用在了打球、看球上面;他与朋友谈论的话题,除了足球,就是篮球,或是羽毛球。从好处说,就是很有运动细胞,身体也会比较健康。但最近,他似乎有一些不一样:他迷上了去图书馆看书、借书。我们简直是随时都能看见他将厚厚一摞的图书搬回家。朋友们都很诧异:这小子突然转变性情了?从痴迷运动转到酷爱学习了?过了一段时间,大家才发现:原来,图书馆新来了一位漂亮的女生!

而且,W为了那位女生竟然还跑来问我一些问题,表现很积极。他第一次过来问问题时,我似乎就嗅到了一种不一样。后来,竟然还真的约着我去与那女生见面,给她回答一些心理学方面的疑问。

见面总归是很愉快的。我带着他们去了哈佛心理学系的办公楼。到了会客的地方,他们一见那地方,干净清爽,沙发、桌子、水杯等应有尽有都很开心。女生的问题其实很简单,我一会儿就解释完毕,然后,我们就随意地聊天。W平日里能言善辩，三句话不离他钟爱的各类球，这次却表现挺羞怯，说话不多，但是，他看我们聊天的神情却是无比的专注。

后来，W又主动地来向我索要那女生需要的一些信息。感觉中，W是挺在意、挺想帮助那女生的呢。所以，我猜想他是陷入了恋爱之中。

我觉得人际关系中，恋爱真的是非常奇妙的一种感觉。两个人，以前可能根本就不认识，可是，恋爱可以让两个人走到一起，特别是在热恋时会强烈地体会到难舍难分、愿意为对方奉献自己的一切的感觉。所以，不管老师、家长的意愿如何，恋爱总是校园里一道永远的风景线。

我还记得以前听一位性学专家作讲座，她是一位非常善于煽情的讲演者，她在讲座中情绪激昂地说："大家都在学生时代去谈一场轰轰烈烈的恋爱吧！"当时，掌声雷动，大概无数的青年男女都被鼓动得蠢蠢欲动了，决心为了恋爱而去谈一场恋爱。

而笔者我较为理性。我更愿意鼓励学生去思考、辩论："上大学了，是否该谈恋爱了？大学生谈恋爱是利大于弊，还是弊大于利？"

可能有人会说，这是一个老掉牙的问题了，这样的问题没有什么新意。但是，在笔者看来，这个问题虽然是个老问题，但对于当今的学生来说，却也并不是每个人都思考透彻了的问题，算是一个虽老但常新的问题吧。实际上，现阶段不少学生对是否要谈恋爱并没有正确的认识，对周围同学的行为要么感觉很迷惑，要么盲目从众；对教师、家长的说教很逆反。

也许，对于学生来说，听听同龄人的看法应该是一个不错的选择。于是，笔者有一次在学生人数为三十人的心理素质训练课堂上，让学生们自由选择自己所要参加的阵营，并自由辩论该论题。自由辩论中，少了正式辩论的拘束，学生们的积极性非常高，两派各抒己见、唇枪舌战。

总结大家的自由辩论，利大于弊的一方说：谈恋爱，可以让我们在恋爱中成长；谈恋爱可以相互促进；教育部已经废除了大学生生育禁令；在恋爱中可以获得经验；谈恋爱是一种精神支持，特别是心理脆弱时；大学生活无聊，谈恋爱挺好的；大学阶段荷尔蒙分泌多，谈恋爱是本能；人生太短，要赶快谈恋爱等等。而弊大于利的一方说：大学是学习知识的阶段，谈恋爱分心，大家应该将精力放在学习上；学生没有稳定的工作，没有物质基础；谈恋爱需要家里经济的支撑，用的钱是父母的汗水换来的，谈恋爱浪费时间和金钱；学生的心理还不成熟，还比较茫然；谈恋爱会失去参与集体活动的热情，会忽视与同学的交往；人们不能接受失恋带来的挫折；谈恋爱会使人缺乏独立能力；谈恋爱会有相思的煎熬、失恋的痛苦；堕胎的问题；谈恋爱有损校容等等。

特别地，有一位在辩论中表现非常突出的学生在课后论文中这样写道：

> 关于这个学期的《心理素质训练》课，感受最多的就是那场关于大学生恋爱问题的辩论。在和男生们辩论的过程中，明显感受得到一些人的不成熟。却又感叹自己五十步笑百步，因为自己其实也成熟不到哪里去。
>
> 说起谈恋爱，周遭看得到的都是痛苦和失败。其实也不是想坚持单身主义，但是这些失败让我很难去相信自己不会重演周围人的悲剧。
>
> 那天辩论后最大的感受便是，我们都还太不成熟。于是更加坚定，暂时不想谈恋爱。始终觉得自己还不够成熟，不够能力去触碰这些问题。

应该说，在辩论中，学生们将自己以前没有认真、深入思考的问题搬到了台面上来讨论。在这个过程中，内心的一些想法更为明晰，或受到了碰撞。而在心理课老师看来，学生时期谈恋爱既有利，也有弊，不同的学生要根据自己的实际情况来决定，有意识地选择自己的行为，不要盲目从众。无论是谈恋爱，还是不谈恋爱，对这一问题有认识了，自己在思想上先想清楚了，会比较值得推崇。

曾经，笔者还为某一期刊的难题回应写过一篇稿件“失恋心理的调适与恋爱抗挫折能力的提高”，当时的案例叫“‘花心男’该不该处理?”。讲的是某中学生失恋了，要求老师公开批评和处理“花心男”。老师为此纠结不已。笔者分析其主要问题是那女生失恋心理的调适，并从提高恋爱挫折耐受力、恋爱挫折排解力和恋爱挫折成长力等几方面具体分析了恋爱抗挫折能力的提高。

笔者一直鼓励大家学习一下美国耶鲁大学教授斯腾伯格(R. Sternberg, 1986)提出的爱情三元理论(也有翻译为爱情三角理论,triangular theory of love)。该理论认为,爱情包含三个要素:即亲密(intimacy)、激情(passion)、承诺(commitment)。亲密是指彼此依附亲近的感觉,包括爱慕和希望照顾爱人,通过自我揭露,沟通内心感受和提供情绪上、物质上的支持来达成。激情是指反映浪漫、性吸引力的动机成分,包括自尊、支配等需求。激情包括强烈的正面与负面的感情以及各项社会需求,包含了许多我们对对方所感知的情绪,如思念、害羞、羡慕、兴奋等。承诺是指与对方相守的意愿及决定,短期来说是指去爱某个人的决定,长期来说则是指维持爱情所做的持久性承诺。能传达承诺成分的行动有誓约、忠实、共渡难关、订婚、结婚等。在这三种成分当中,亲密是爱情的情感成分,激情是爱情的动机成分,而承诺是爱情的认知成分。这三个要素分别代表了爱情三角形的三个顶点,三角形的面积越大,代表爱情的程度越深。如果三角形的形状越不像正三角形,则表示三要素中的其中一个要素被特别凸

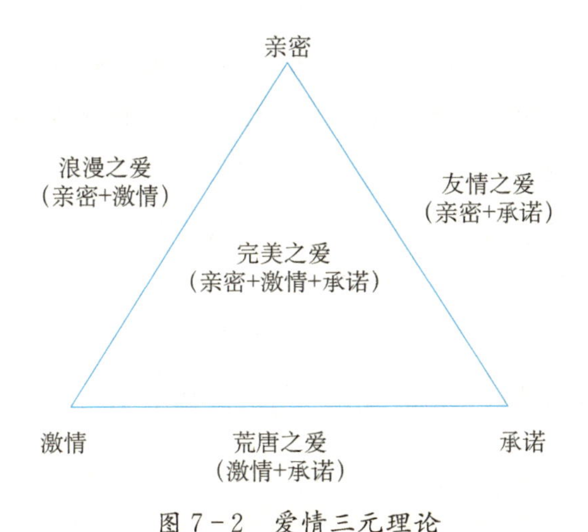

图 7-2 爱情三元理论

来源:R. Sternberg. A Triangular Theory of Love. Psychological Review, 1986(93):119-135.

显，这种爱情越不均衡。

由于亲密、激情和承诺这三种成分在爱情中所占的比例会不断变动，斯腾伯格提出了八种不同类型的爱情关系：无爱（non love）：三种成分都没有，如随机的人际交互。喜欢（liking）：只包括亲密。迷恋（即痴迷之爱，infatuated love）：只包括激情。这种爱情的关系是属于一种单相思、一见钟情式或理想化的爱情。空爱（即空洞之爱，empty love）：只包括承诺。浪漫之爱（romantic love）：由亲密与激情组合而成。如罗密欧与朱丽叶之间的爱情，富有激情而浓烈。友情之爱（即伴侣之爱，companionate love）：由亲密与承诺组合而成。爱情中较缺少激情，和爱人之间的感情较平淡，细水长流般的绵长而不断，如长期的婚姻关系。荒唐之爱（fatuous love）：由激情与承诺组合而成。此种爱情从相识到坠入爱河快速而短暂，因缺乏亲密要素来维持，当激情过后，常会造成这段感情迅速消退。完美之爱（consummate love）：是亲密、激情与承诺三者结合，是真爱的本质，但也是很难达到的完美爱情。

可以说，该理论所提出的亲密、激情、承诺的这三个维度使我们对"爱情"这一问题的认识得以加深。虽然爱情的正三角形是一种理想，在现实生活中很难实现，但是，斯腾伯格的爱情三角形理论可以帮助我们思考什么是理想的爱情，将自己的爱情与之进行对比，可以知道自己应该注意的地方或缺陷在于什么，从而有助于大家妥善处理自己生活中的爱情关系。

对于想要谈恋爱或为是否要谈恋爱而困惑的人来说，不妨思考一下这个问题：自己与自己的恋人在这三个要素上的表现如何呢？

总之，恋爱的感觉很好、很美妙。但是，在投入恋爱之前，对恋爱之利弊有所思考与从来没有认真思考过，二者是不一样的。

亲昵关系

在访问学者的论坛中，总是有人在纠结与询问：是否要带孩子同行？大家都知道，带孩子同行有利也有弊。利在于可以让自己不会“太过于思念孩子而难以坚持国外的学习工作”，可以让孩子体验外国的生活、开阔眼界、学习英语；而弊则在于可能影响自己的学习工作，也可能影响孩子在国内的学业。

我自己似乎没有太多的纠结，因为在我的心中，我始终是放不下孩子的。想想一年见不到孩子，那种念头都足以让人觉得不可能。所以，我没有丝毫犹豫，一心带着孩子前往。而事实证明，这个方案是正确的。

如果没有孩子的陪伴，我可能难以坚持在国外的访学，我可能生活得无比的清苦，我可能非常的孤单与寂寞。可是，带着孩子，她给了我无比的动力，让我生活得非常有规律。我感觉，在以下几个方面，带着孩子给我带来了非常大的好处：

首先，是饮食方面。因为带着孩子，我不能每天只是随意吃一点，更不能不吃，所以，我们几乎每天都是非常有规律地吃早餐与晚餐。午餐，孩子在学校吃，我自己则经常是在系里听讲座时蹭一些饭或自己随便吃一些。于是，我经常是在中午随意吃点什么的时候就会想，幸亏是有孩子在，不然，我的早餐、晚餐肯定也是不规律的了。吃好饭，这对于每日的工作来说，可是非常之重要的。而且有人一起吃饭肯定会比独自一人吃饭香。虽然，我们吃着简单、清淡的饭菜，但是我们边吃饭边交流，孩子的甜言蜜语足以驱赶我工作一日的劳累。所以，我真是还得感谢孩子的存在。

其次，是在做许多事情的时候有人陪伴。对于我来说，这一年觉得比较痛苦的事情就是去超市买菜。一般来说，我们是乘一段校车，再走一段路。去的时候还好，回家的路上就比较艰难了，刚开始我们一人拎两个大袋子，累得手都要断了，后来，我们腾空了一个拉杆箱，用箱子拖着，稍微好了一些。一路上，孩子很喜欢与妈妈聊天，或唱歌给妈妈解闷。我还记得冬天时，我们拖着箱子在堆满积雪的狭窄的路上走着，有时候路上的雪堆太大了，箱子被拖翻了，孩子哈哈笑着，帮着妈妈把箱子翻过身来。当时我就想，如果没有孩子的陪伴，我肯定是只想坐在雪地里大哭一场了呢。而有了孩子的陪伴，艰苦的日子也觉得是非常的甜蜜了。这一年，孩子坚持陪伴妈妈的还有就是去洗衣房洗衣服。我们住的是哈佛的公寓，这一个片区叫"Botanic Gardens(植物花园)"，公寓里大都没有洗衣机，大家得到一个公用的洗衣房去洗衣服。我们经常是一两个星期收集好衣服，煮着饭后将衣服拎到洗衣房，洗衣机洗 35 分钟的时候，我们就待在洗衣房看看电视，等需要烘干一小时的时候，我们则回家吃晚饭，然后估计好时间再去取烘干的衣服。在新英格兰地区严寒的冬季，拎着大袋子出门洗衣服其实挺不容易的，但因为有孩子的陪伴，这洗衣服的时光也成了休闲的时光了。

再次，因为孩子，我们在美国结识了不少很好的朋友，大家一起玩，相互交流，让访学生活也多姿多彩了。我们在这里交往比较多的朋友，一种是和我们一样也是妈妈带孩子来哈佛访学的家庭。因为孩子在小学里认识了，妈妈们自然也熟识起来。孩子们周末一起玩耍，尝试 Sleep Over(也就是到别人家过夜)，妈妈们也相互交流在哈佛的生活。另一种则是班级的外国小朋友家庭，我们在这里参加了三次美国小朋友的生日聚会，我当志愿者参与了三次班级的 Field Trip(班级的外出活动)。在活动中，与美国老师及美国妈妈们交流聊天，也为我的访学生活增加了不少当地的元素。

以上是生活方面，孩子的陪伴的确是让我的访学生活不那么孤单与寂寞，让我的这一年的生活相对正常、稳定。可以说，在生活的方方面面，亲昵的宝贝都给了妈妈我无比的温暖。而在工作、学习方面，我们也进展良好。

我知道，很多访问学者在出国前都很担心带着孩子会影响自己的学习工作，但其实如果孩子已经上学了，则这个问题似乎就不是问题了。我们住的地方距离孩子的学校就 1 分钟步行的路程，工作日的每天早晨，孩子去学校上学，妈妈则赶去办公室。下午我们给孩子报名参加了 afterschool(课外班)，所以，孩子一直要到四点十五分才放学，那时妈妈也从办公室回家了。所以，整整的一个白天，孩子在学校上学，妈妈则自由地到办公室，或工作、或听课。对于孩子已经能自理的家庭来说，带上孩子真的不会影响大人的工作学习呢。而孩子的学习，特别是语文、数学肯定会与国内小朋友有差距，但我们自学着国内的教材，希望回国后也不会差得太多。

在这一年，因为远离自己的父母、丈夫，我不由得对人际关系、人际交往想得挺多的。我深深地感受到，人是社会动物，的确是需要与人交往，需要在与人交往中成长。在小木虫论坛(一个出国访学的经验交流平台，几乎是出国人必看的论坛)里，我多次看见有人发帖说，在国外生活得太痛苦了，想念家人，几乎要发疯了，不想继续待在国外了，在纠结怎么向留学基金委员会请假等。每当我看到这样的帖子，我都在庆幸自己是将亲昵的宝贝带在了身边，不会因为过度思念家人而影响自己的访学。

我想，在人生的每一个阶段，我们都需要一种亲昵的感情，无论是与孩子之爱、与父母之爱、与丈夫或妻子之爱，还是与恋人之爱。可以说，人生的美好、幸福，需要这种亲昵的感情和关系；健康的心理需要这种亲昵的感情和关系。总之，我们需要一种或多种爱的感觉，陪伴自己度过人生。

心理健康篇

自杀之殇

2014 年，哈佛大学的“邻居”——麻省理工学院(Massachusetts Institute Of Technology，MIT)有 6 名学生自杀！

这样的数据是不公开的，是麻省理工学院的一位老师告诉我的。

据说，这也是很不常见的年份。

很多人都觉得很奇怪，为什么这一年会这样？我们知道，每个自杀者都有自己的原因，但是，别人自杀的故事的确是会对人产生相互影响，就如那年富士康的几连跳一样。

理工科的学业压力巨大，到了一个优秀的环境中，不少同学发现别人轻轻松松就完成了学业，而且别人不仅学业出色，社会活动等其他方面也都很优秀，而自己是通过非常的努力才勉强进入这个学校。在这里，无论自己怎么努力，似乎都赶不上同学。所以，气馁、沮丧如潮水般淹没了正常的思维。思路进入一个死胡同，如果没有人指导，让人叹息的事件就非常容易发生了。

从心理学的角度看，一般正常人的自杀也可理解为个体在心理上陷入无法摆脱的困境时所采取的一种自我防御机制。所谓自杀，是指主体蓄意或自愿采取各种手段结束自己生命的行为。自杀是一个非常复杂的问题，但根据自杀发展的过程，可以大致分为两类：第一类是冲动型自杀，是在由突发性事件引起的极度愤恨、愧疚、后悔等情绪失去控制的状态下所发生的冲动行为。第二类是“理智型”自杀，是主体在长期不良情绪的酝酿下有计划进行的自杀。就自杀结果而言，冲动型自杀来得突然，难以预测和防范，自杀致死的可能性较大。而“理智型”自杀的发展过程较慢，而且在发展过程中其内心的心理矛盾会通过言行表现出来，这就为干预其自杀提供了可能。所以说，只要欲自杀者的身边有一两个稍稍懂一点心理学常识的人，若能及时干预，则完全可以改变自杀者的态度和行为。

由于自杀问题的严重性及其极为不良的影响性，心理学、社会学和病理学等多门学科的研究者都对此进行了积极的研究，寻找心理规律，以防患于未然。现在比较为人们所公认的自杀的心理过程分为以下三个阶段：第一，自杀动机的形成。主要表现为在遇到难以克服的挫折和打击时，为逃避现实，欲将自杀作为解脱的手段，形成自杀的动机。第二，心理矛盾冲突。自杀动机产生后，“求生本能”可能使欲自杀者陷入一种生与死的心理矛盾冲突的状态。在这一阶段，欲自杀者常表现出一系列的异常行为，如沉默寡言、情绪抑郁等，经常会有意无意地谈论起与自杀有关的话题，暗示自己要自杀了，或威胁别人自己要自杀了。其实，这是欲自杀者向周围的朋友发出的求救的信号，类似弗洛伊德自我结构中的“自我”与“本我”的冲突。在这一阶段，如果能及时得到他人的关注，或在他人的帮助下找到解决问题的办法，欲自杀者很有可能取消自杀的企图。第三，平静阶段。欲自杀者“似乎”从困扰中解脱出来了，表现出平静的状态。这其实是下定决心后的暂时解脱，是“暴风雨来临前的平静”。从以上自杀的心理过程来看，自杀完全是可以预防的。无论在自杀心理发展的哪一个阶段，只要有人关心，有人询问，有人帮助，都可以有效地激发起个体的“求生本能”，改变个体的自杀心理，避免个体的自杀行为。

我们都知道“防患于未然”这句话。面对自杀带来的种种不良影响，一个非常重要的工作是做好个人预防。但由于具体情况不同，我们不能一概而论，而应该是针对具体情况具体处理。

一方面，对已经出现自杀念头的个体，关键是及时干预，尽早将自杀念头这一“种子”扼杀在它发芽、生长之前。由于欲自杀者身边的亲人、朋友不一定有应对的经验，帮助欲自杀者的最好办法是寻求专业机构的帮助。现在不少城市都设置有专门的心理咨询中心、心理辅导中心、心理治疗机构或自杀干预机构，经过专门训练的心理咨询人员能耐心倾听来访者的倾诉，敏感地察觉来访者的心理变化，帮助来访者重新建立正确的人生信念，避免自杀念头发展到自杀行为。由于专业的心理咨询人员有其职业道德，对每一位来访者的倾诉都是严格保密，这对寻求心理援助的个体来说，可以避免面对亲人、朋友时的尴尬，可以尽情倾诉，真正地得到帮助。所以，我们对心理咨询要有一个正确的认识，知道这是一个可以得到心理帮助的处所。另外，当然，欲自杀者的亲人、朋友，也是重要的心理支持源。不少研究表明，在同样压力情境下，那些得到较多社会支持的人比很少得到社会支持的人的心理承受能力强，身心也更为健康。所以，当我们面对巨大的挫折或心理压力时，要主动寻求周围人群或专业心理机构的帮助，以走出死亡的阴影。

另一方面，对没有自杀念头，但经常抑郁、悲观的个体来说，预防工作也非常必要。为了预防自杀念头的产生，应注意以下几点：第一，在日常生活中培养起良好的性格特征，远离抑郁、悲观。心理学研究表明，性格特征与心理健康状况有着极为密切的联系。性格乐观开朗、情绪稳定、兴趣广泛的个体往往能正确面对和处理各种挫折；而悲观、抑郁、情绪不稳定、自卑、完美主义倾向等性格特征则容易使个体在面对挫折时悲观失望，甚至走向极端。第二，了解心理学常识。了解一些心理宣泄、注意转移之类的心理学常识，对情绪的调控非常有帮助。如果能更多地学习一些心理学知识，从学习中认识、体验、感悟生命的意义，对个人的成长将大有裨益。第三，设置恰当的目标。目标具有指引的功能，就像大海航行中的灯塔；目标有激励的功能，能催人奋起而不懈怠。但我们应注意目标设置得恰当一些，不要太高，也不要太低，最好稍稍高于自己的现有水平。为什么许多名人在别人看来非常成功的时候选择了自杀？一个非常重要的原因就是目标设置得太高！目标设置得太高，或者说抱负水平太高，当然压力（特别是心理压力）就大；压力大了，个体就像一架超负荷运转的机器，当然就会出现一系列的问题。在此，非常推荐大家翻回第一章“抱负水平”和“目标设置”部分去仔细阅读并思考。

的确不管自杀者的具体原因是什么，其共通的一点是：许多的自杀者都是抱负水平太高了。而且，这种抱负水平不仅是学习方面，还有生活等诸多的方面。抱负水平（又称志向水平，level of aspiration）前已述及，指主体对自己的期望和目标。如果你的期望和目标是事事争第一，处处不落后，那么，当你到了一个人才济济的环境，在竞争和压力下，就会时时、处处体验到失败。日积月累，思路和身体走入绝路也就是不难理解的事情了。而如果你的期望和目标是尽自己的能力来努力，过好每一天，则无论在哪儿无论什么时候都能体验到成功感。不难理解为什么在许多人看来非常成功的人士，他自己却体验不到成功感。究其原因，就是抱负水平太高了啊。俗话说，“人在江湖，身不由己”。当他处于一个高高在上的位置时，他是很难走下众人心目中的“神坛”的。

其实，很多的道理大家都懂，可是，却仍然有很多人会犯傻。所以，日常的抱负水平的调节显得非常重要。不是要等到事情都难以挽回的时候才来要求调节抱负水平，事到临头的调节是非常艰难的；抱负水平的调节应该是从小事开始就时时训练的调节。只有在许多的事情上都能调节抱负水平至恰当的水平，才可能在关键时候也能放低身段。

而且，不同的人由于家庭环境或社会环境的影响，他所重视的东西是不同的。学习上的挫败许多时候还没有人际交往中的挫败那么严重。看见别人风度翩翩地演讲、歌唱、表演，如果没有恰当的抱负水平，的确是会给人带来无比的嫉妒和沮丧。对自己所缺乏的东西，如何进行心理上的补偿，如何调节自己的抱负水平，这是非常重要的。抱负水平不要太高，要学会将人生的目标降低；关注自己拥有的，不要关注自己没有的，这些就显得非常关键了。

另外，还有不少的自杀是因为抑郁。说起抑郁症，大家应该都不陌生了，不少社会公众人物都曾因抑郁症而淡出公众视线。不说谈虎色变吧，至少抑郁症也是一个比较棘手的问题了。在别人看来很成功的人士，他自己就是不开心，就是觉得抑郁，抑郁到想要结束自己的生命。所以，了解一些抑郁的常识，可以帮助自己也帮助别人。对抑郁症要有信心。抑郁症不是癌症，只要方法正确，有人帮助，是完全可以痊愈的。希望我们的生活中能少一些自杀之殇。

记住那蓝绿色的灯光

图 8－1　哈佛大学纪念教堂屋顶的灯光

在 2015 年 4 月，哈佛大学将其纪念教堂（Memorial Church）的屋顶点亮成蓝绿色——这是表示性侵警觉月（Sexual Assault Awareness Month, SAAM，即四月）的官方颜色。

性侵警觉月是美国一年一度的活动，旨在提高公众对性侵的警觉并指导社区和个人如何预防性暴力。四月，上至州，下至以社区为基础的组织、性侵害防治中心、政府机构、企业、学校和个人等，都在计划或组织一些活动来强调性暴力是关乎公众健康、人权和社会公平的问题，需要加强预防工作。

2015 年，哈佛大学与其他 27 所大学一起，与美国大学协会（American Association Universities, AAU）合作举行了校园范围的学生性行为的调查。哈佛大学成立了预防性侵的特别小组，给哈佛所有的学位候选人（degree candidates），如哈佛本科学院、哈佛文理研究生院及其他学院的学生群体的邮箱发出了 20 000 份问卷，想要获得一些基础的信息，以减低哈佛大学的性侵犯、性骚扰和其他不端行为，并对那些遭遇过此类行为的同学提供支援。该调查从

2015年4月12日开始，一直到5月3日才结束。4月12日那天，同学们在哈佛大学的学校邮箱中收到了调查的链接，这份问卷需要用时10至30分钟，如果完成问卷，会有5美元亚马逊礼品卡的奖励。但从哈佛大学的官方网站上，笔者发现这次调查有62%的同学打开链接，56%的同学开始回答问卷，但最终完成问卷的同学只有52%。也许这的确是同学们不愿意直面、讨论的一个话题，也听有同学抱怨说问卷太长了，即便给50美元都不愿意回答。

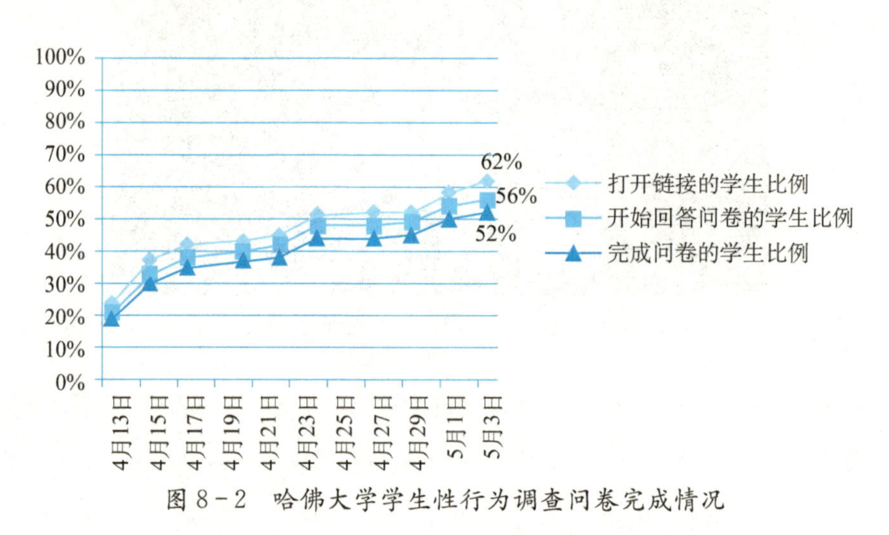

图8-2　哈佛大学学生性行为调查问卷完成情况

与此同时，“哥大女生毕业典礼抬床垫抗议性侵事件处理不当”在各大网络都传得沸沸扬扬。讲的是2015年5月19日，美国纽约哥伦比亚大学女生Emma Sulkhowitz在三名同学的帮助下，将床垫抬至毕业典礼以抗议学校对性侵事件的处理不够。Emma是哥伦比亚大学视觉艺术系的学生，据说，她在2012年8月遭受同校德裔男同学Paul Nungesser的性侵犯。她最初不敢告诉家人，也没报警，但当得悉另外两名也是被Paul侵犯的女同学报警后，2014年5月她鼓起勇气，向校方及警方报称被强奸。但在报警寻求法律保护后，调查的进展和结果令Emma非常失望。所以，她发誓，她会一直扛着她的床垫行走校园，直到Paul被开除或自行离开学校。她将这场抗议行动命名为“Carry the

Weight(背负重担)”。Emma 的抗议行动得到了其他高校的学生响应,不少学生都加入声援 Emma 的行列,扛起床垫,行走校园,批评哥伦比亚大学对校园性暴力的“漠视”态度。2015 年 4 月,哥伦比亚的学生组织 No Red Tape 再次举行抗议活动。夜幕下,学生们用投影仪打出“Columbia protects rapists”等标语。结果,Paul 并未被开除,在毕业典礼当天也出现在现场,而且,他还以校方未能保护自己免遭诽谤和骚扰提起诉讼。关于该事件,不知道最终结果会如何,但是,2015 年 2 月,哥伦比亚大学制定了性尊重的常规课,要求所有院系的学生参加有关研讨会或完成一项以性尊重为主题的艺术项目。Emma 的抗议行为成了她的毕业艺术作品,她本人也成为提高人们的性侵警觉的全国运动代表人物。

图 8 - 3　Emma 及同学在毕业典礼上的抗议活动

是啊,“性侵”,真是让人感觉很寒冷的一个话题。这也是在各年龄段都会遭遇的一个话题,在小学、中学、大学,甚或是成人群体中,都有可能出现。

在国内报道比较多的是中小学的事件。想着可爱的孩子,在懵懂无知的年龄,却要承受不该承受的身心的摧残,该是何等的可悲与可愤啊!而社会对此的关注度如何呢?笔者在中国知网上海大学站点上,以篇名有词组“性侵”为检索条件查询1979年1月1日至2015年6月30日以来的情况，结果有501篇文章，其中，2006年1篇，2009年3篇，2010年6篇，2011年29篇，2012年27篇，而到2013年便突然上涨到218篇，2014年168篇。审视这些数据，特别是2013年，篇名含“性侵”的文章数量激增到218篇的实情，不禁让人思索：这一方面说明媒体曝光的增多，社会对该类事件的持续关注；另一方面更说明，孩子受到性侵这一事实的严重存在。所以，对于人们来说，预防性侵真的是人生的必修课啊！社会、学校、家庭和个人自身都应在预防性侵方面有所作为，防患于未然！

进行预防性侵的教育指导具有重要性和必要性

可能有不少人还在犹豫：性侵，毕竟是少数或个别现象，有必要那么大张旗鼓地对如何预防性侵进行宣传教育吗？在哈佛的网站上，引用了奥巴马总统的一段话：“据估计，五分之一的女性在校期间在校园里遭受了性侵犯”（“It is estimated that one in five women on college campuses has been sexually assaulted during their time there—one in five.” — President Barack Obama）。但之后，有人争论说没有五分之一，也有人争论说不止五分之一。

对此疑问，可能我们不应从宏观的角度来争论，我们更应从微观的角度来看待：如果有一个人遭遇了性侵，那么，这个人的一生，甚至这个人的家庭可能就被毁了。而且，性侵事件对社会的影响极为恶劣，对社会风气的影响极其糟糕，可谓给整个社会抹上了一种灰暗的颜色。另外，应能猜想到，因为各种原因，社会上还有不少遭遇性侵的人在默默承受着痛苦而不敢呼吁。实际发生的事件及数据，肯定远比被媒体披露的事件和数据要多得多！进行预防性侵的教育指导很重要，因为遭受性侵的危害无论怎么想都不为过；进行预防性侵的教育指导很必要，因为由于种种原因，人们，特别是孩子们，还太缺乏自我保护的意识，也太欠缺自我防范的能力。

具体来说，性侵会对人们的身体带来直接的伤害，容易引发疾病，甚至是性病。性侵可能导致怀孕，许多人由于羞耻或没有基本常识，根本不敢或不知道去医院堕胎，匆忙中在一些私人诊所草草了事，会给身体带来不可挽回的伤害。

性侵会对人们的心理带来难以挽回的伤痛。很多性侵案件往往伴随着暴力、威胁、诱惑，这会给心理带来重大伤害，让人缺乏安全感，产生羞愧、抑郁等情绪，甚至发展为抑郁症、精神病等。而且，年幼时候的性侵经历会在人们的内心留下难以消除的阴影，让人们即便长大后也会在异性交往中出现敌对、抗拒、冷漠、报复等心理，影响正常的恋爱、婚姻生活。

性侵会对人们的未来发展带来干扰。遭遇性侵的人们，未来的发展会如何呢？当然，有少数的人会因该挫折而努力奋进，改变自己的人生；但是，更多的人却更可能从此陷入软弱、自怨自艾的泥潭，对自己的要求降低，对人生丧失希望，得过且过，使自己的一生在庸庸碌碌中度过，丧失了充分发展的权利。这不可不谓可悲！

性侵可能导致丧命。与性侵相伴，个体承受了太多的羞愧、后悔、自责，如果没有家人、朋友、老师等的心理帮助和支持，很多的人很可能就走上了绝路，这是非常悲惨的结局。所以，生命教育也是非常重要的，不要因为受到性侵而放弃了自己的生命。

当然，性侵还会带来社会危害性。曾有报道表明，不少女性罪犯正是在年幼时候受到过性侵，然后，对自己破罐子破摔，到了长大后，就由曾经的受害者转变为当下的罪犯了。此类案例表现了性侵的社会危害性。

总之，性侵会对人们的身心发展、人生轨迹，甚至生命等都造成严重的伤害，性侵也具有社会危害性，进行预防性侵的教育指导真的是太重要了！

如何有效进行预防性侵的教育指导

由上，我们知道预防性侵的教育指导是那么的重要和必要，那么，我们该如何有效进行预防性侵的教育指导？在此，我们至少应思考两个问题，即："教育指导什么?”与“怎么进行教育指导?”这也即是我们常说的“教什么”与“怎么教”。

(一) 教育指导什么?

1. 性格方面的教育

在被媒体披露的案例中,有不少人是因为受到诱惑而发生的性侵。在那些案例中,一些小恩小惠就让受害者丧失了判断的能力。所以,要学会自立、自强,能抗拒诱惑等,这非常重要。而且,遭遇性侵的受害者,大多性格上比较软弱,不敢反抗,容易偏听偏信。我们可以思考,为什么是某些人遭遇了性侵,而非另外的人呢?其中,非常重要的一点也就是个人自身的性格问题了。性格的特征,可以大致分为性格的态度特征、性格的意志特征、性格的情绪特征和性格的理智特征。在预防性侵这个问题上,性格的态度特征和性格的意志特征显得尤为重要。具体如:

在性格的态度特征方面,对他人是否能正常交往,待人接物足够热情,并能把握分寸,不会越界;对学习是否能足够努力、不懒惰,是否足够热爱、不投机取巧;对自己是否足够自尊、不自卑等。这些性格的态度特征直接决定了人们在面对诱惑时,是否能坚持自己的立场,自尊自爱,不向诱惑或欺骗低头。

在性格的意志特征方面,在面对一件事情时,行为目的是否明确、不盲目,是否足够独立、不易受诱惑;在面对紧急或困难情况下,是否足够勇敢、不怯懦,是否足够沉着镇定、不惊慌失措,是否足够果断、不优柔寡断,是否足够坚强、不软弱等。这些性格的意志特征直接决定了个人在面对威逼利诱时,能否有足够的心理能量供自己使用。

笔者还记得多年前接手的一个个案,那孩子虽然已经是大学生了,但她在长期受到A室友性方面骚扰的情况下,不知道如何保护自己,软弱至极,痛苦不堪,以致差点结束自己的生命。她来求助心理咨询,是在另一同伴B室友的鼓励和陪伴下而来,并且,在与心理咨询师交谈中也要求有B室友的陪伴。听她叙述着A室友如何经常给她电话炫耀自己和男友的性行为,言语中有许多的刺激、挑逗,及对她的讽刺等等,电话让她既感受到诱惑,又痛苦不堪,她不知道如何拒绝这种言语的骚扰。在咨询的过程中，有B室友对事件的肯定，排除了来访者臆想的可能，证明了事情的真实。若问："那么，你为什么不挂断电话呢?"她回答："我不敢啊。"若问："那你这A室友为何没有给B室友打这样的电话，而是给你电话呢?"则回答："不知道啊。"该同学的软弱真的是一览无遗。虽然该个案在心理咨询师的帮助下终于走出了自杀的险区，但是，不是每一个性格软弱的人都能及时得到这样的救助啊，而且，软弱的性格让个体在一生中的时时、处处都面临着危险，所以，性格教育是进行预防性侵教育的首选!

2. 人生观的教育

人生观的教育，重点在于让人形成对人生目的、人生态度和人生价值的正确认识。在不少案例中，个人受到诱惑仅仅是因为可以轻松地获得好分数，可以轻松地得到钱财，可以轻松地享乐。而实际上，人们应该知道，每一个年龄阶段就只应该做每一个年龄阶段该做的事情，不要贪图享乐、轻松，要珍惜自己的身体，珍惜自己的生命，要不畏惧权威，不畏惧恐吓，不轻易尝试不该尝试的事物。一个人只有真正地明白了自己的人生就掌握在自己的努力之中，才能够在面对威胁、诱惑、欺骗时，能保持清醒的头脑；才能够在遭遇挫折时，不泄气、不放弃，更不会走上绝路。

3. 性知识的教育

在前面两种教育的基础上，就需要进行较有针对性的性知识的教育了。要让孩子知道男性与女性的差别，知道基本的生理知识，知道意外怀孕的危害；知道自己的身体不可随意让异性抚摸，知道背心和短裤覆盖的地方绝对不能随意让人碰触；知道性方面的问题是成人阶段的问题，不可随意尝试等等。

4. 安全意识的教育

在性侵案件中，有许多是利用个体贪吃好玩、占小便宜的心理等，以给一些零花钱、带着去买吃的、买玩的，或直接给好吃的零食、好玩的玩具、学习用具等加以诱惑，以达到欺骗的目的。所以，要知道不能随便接受别人的小恩小惠；不与异性长时间单独相处；更不可随异性去宾馆、饭店、KTV、网吧、偏僻的地方等；傍晚不单独外出；不穿过于暴露的衣服，不爱慕虚荣等。要有安全意识，并学会助人、自助。在面对性侵时，不会成为可怜的、不知反抗的小白兔；当发现有别的人在遭遇性侵时，也能伸出援助的双手。

5. 机智应对坏人的教育

预防性侵，还需要教给一些防范性侵的技巧与方法。在遭遇性侵时，学会机智应对坏人，在危险关头能自救或寻求帮助。若有熟人想要性侵时，可直接言语提醒、反抗，必要时，可以用撒谎等方式迅速离开坏人，并及时求助。欲图不轨的坏人就像是小偷，其实也是内心惴惴不安的，出于名誉等的考虑，在被性侵者以言语反抗时，也会有所收敛。而如果是陌生人想要性侵，则要观察所处的场所，在保证自身安全的情况下，巧妙周旋寻找机会，尽快跑到人多的地方，如商场、超市、马路边等。不过，对性侵事件更应以预防为主，防止性侵行为的发生。

（二）怎样进行预防性侵的教育指导?

1. 课堂教育

应该说，课堂教育是实施预防性侵教育的重要方式。学校应该将预防性侵的教育纳入教学计划，并注意切实抓紧这方面的教育。如果有可能，开设一门这方面的课程，让所有的同学都能接受预防性侵的专业的教育，其效果肯定是非常的良好。对于学校来说，能培训相关的师资，安排相关的课程是第一步。

2. 讲座、活动课、讨论会等

对于没有条件开设专门课程的学校来说，请专家来做讲座是较为经济的方式了。这既可以克服没有师资的问题，也可以不打乱学校的教学安排。而且，专家的讲解可以避免学校教师讲解的尴尬，可以使教育更有专业性，也可让孩子觉得换了一种教育形式，有新鲜感。另外，活动课、讨论会的方式也非常可行。

3. 文艺表演

可以组织一些相关的文艺节目，让同学在组织表演或观看表演的过程中接受教育。应该说，题材合适、内容健康向上的绘本剧是不错的选择。

4. 发放图书或宣传资料，观看适宜的影视节目、教育片等

发放相关的图书、图片、宣传资料，让人们在阅读的过程中，接受教育。而影视节目、教育片也是人们喜闻乐见的方式。

最后，对处于初识交往、炽热恋爱，甚或是婚姻殿堂中的人们，大家还应知道，男性与女性的想法很多时候是很不一样的。女性心里可能就只是想着两人在一起谈谈心就很快乐，可是男性的心里却想得更多；当然，也有相反的时候。所以，大家应谨记“性尊重”，在对方说“不”时，就应该立即停止要求。

大家都记住那蓝绿色的灯光吧！

万事皆有可能

心理健康许多时候被人误解着，以为心理健康就只是拯救心理疾病。其实，心理健康更为重要的方面在于积极地思考、生活，发挥自身的潜能，让自己的生活更为美好。就如学生的考试，60 分及格，这是心理健康的低级标准；而 80 分或 90 分，则可以算是心理健康的较高的标准了。当我们在日常生活中，能积极地应对自己的生活，能体验美好的事物，能保持愉悦的心情，那么，就一定是心理健康的较高层次了。

万事皆有可能

在十年前，甚至是一两年前，我都不会相信自己会到哈佛访学。

听朋友说,哈佛的教授一般不轻易发出邀请信;而且,哈佛各学院或系所的学术委员会还会对教授邀请的人进行审核,所以,即便是教授邀请了,最终还不一定就能成行。而我自己其实根本还没有做好准备——事实上的准备以及心理上的准备。我所指的"事实上的准备",是说我还没有像周边准备出国的同事那样提前去参加为期一年的英语培训;而没有作好"心理上的准备",是我担心自己蹩脚的英语如何适应美国的生活,我担心自己难以应对在美国的一切……

可是,在没有做好充分准备的时候,似乎就该出行了。最终,内心忐忑的我还是离开上海,向着哈佛出发了。在此,我没有一丁点骄傲的成分,因为充分的准备是事情成功的前提,我自己后来在听课、讨论中也为没有做好充分的准备而吃尽了苦头,听不懂、说不出,内心煎熬、非常难受。

当朋友惊叹于我带着孩子、带着六个行李箱在芝加哥两小时内转机,我能回答的只有:"我,稀里糊涂的。"是啊,后来才听说,芝加哥转机非常复杂,许多不是第一次在芝加哥转机的人都经常会误了班机而只有申请改签的。我还记得当时在飞机上问乘务员两小时转机是否充足,他们言辞凿凿地承诺说没有问题。可是,下了飞机才发现,在芝加哥是需要入关的,在入关的时候就需要排队、等待,时间匆匆过去,让人不能不着急。然后,入关后好不容易将六个行李箱取到手,推去收行李的地方交待好,再匆匆去乘车赶往另一个候机楼。而且,从小火车上下来后,又发现下车的地方距离登机口还无比的遥远。幸亏我和孩子的体育一直还不错,我拉着孩子的手,半跑、半疾步快走地到了候机的地方,紧张的心情才稍微平复下来。我知道,我们终于可以顺利到达了。

所以,当我真的到了哈佛,我在想:我回上海后,我一定要告诉自己的学生——万事皆有可能!努力吧,生活是需要多一些闯荡的。

经历过的总会有用

到了哈佛后,教授想要我帮她们统计分析一个数据文件。我同意了。可是，没有想到在做那统计分析之前，还要我参加一个 CITI 的培训。这 CITI 培训是一个合作机构培训（collaborative institutional training initiative at the University of Miami），需要在网上注册，然后学习大量的资料，然后完成一些测试。可是，这个学习的量实在是太大了，有 15 个模块的学习，每个模块下面是长长的阅读资料，什么"用人类作被试的研究的伦理原则和指导方针（Ethical Principles & Guidelines for Research Involving Human Subjects）"之类的东西，又枯燥、看过又会很快忘记的那种。2014 年 12 月中旬的那几天，我就都淹没在那长长的资料学习和测试之中了。我看得眼发花、头发昏，好不容易才学习、测试完，心里觉得非常不爽。

后面的数据分析很快完成，似乎与这培训一点关系也没有。我觉得她们真是小题大做了。不过，想想这个培训证书也可算作给国内单位的一个事实的证明，心里才稍微平衡一些。

到了 2015 年 3 月，春季学期时，我修的课程比较难，时间相对紧张。那时候，我还需要开始参与实验研究。实验室管理员问我是否参加过 CITI 的培训，如果没有参加过，那么在参与实验研究前是一定是要先通过 CITI 的考核的。后来与几位研究助理聊天，我才知道在美国要参加以人为对象的实验研究前，一定要先通过那 CITI 的考核的。所以，当时我挺庆幸自己在前面一个学期时间相对宽松时已经通过了那考核。不然，在很忙碌的时候还要昏天黑地地学那么多的材料真是要命了呢。所以，当时，我的脑袋里突然冒出一句话："经历过的总会有用！"

Uber 之争

Uber 是个新兴的行业。在我到美国之前，我从来没有听说过。它有点类似于国内的滴滴打车、快的打车。但国内的滴滴打车和快的打车是预约的出租车司机，而在美国用 Uber 预约的则是 Uber 公司管理下的一般的私家车车主。

我们刚到哈佛时，有一点孤单，孩子挺想到谁家去串串门的。所以，当我看到哈佛的一个朋友在邀请大家去他家玩一玩时，我毫不犹豫地就说我们会去。然后，他介绍我用 Uber，说我是新用户，注册 Uber 会赠送一次免费乘车机会。于是，我们便开始了尝试新事物。下载了 Uber，绑定手机号码和银行卡。第一次使用，当然是比较的不熟练。我稀里糊涂地预约了一个车，等待中，好大的一辆车开到我们面前。上车后，我问司机是否新用户免费？司机问我是否将优惠代码输入进去，我说输入好了，他说："perfect（很好）！"车很大、很舒服，我只是想，似乎有点浪费了。下车时，我问我是否要付费。司机说不用。我们就愉快地去朋友家串门了。聚会当然是非常的愉快。

可是，邮箱里收到的账单让我愉快不起来了。我们的去程总费用居然是 95 美元，减去 30 美元的优惠费用之后，还需要支付 65 美元。我心想：也就 10 几个 miles（英里）啊。朋友说算了吧，算是缴了"学费"。可是，这可让人心里感觉不舒服呢。于是，我联系了 Uber 的客服，才知道问题主要出在车型上，这次我们订的车型是 SUV，是比较贵的车型；而且第一次乘车并不是全部免费，而只是免费 30 美元。客服当即为我们减去 20 美元，即 95－30－20＝45 美元，并很耐心地解释不同的车型是不同的收费，如何选择车型等。可是，我的心里价位是免费呢。于是，我又回了一封邮件，这次，收到回复说将车费调至 30 美元，减去第一次乘车会减免的 30 美元，即我不用付费了。我以为对方弄错了，觉得有点不好意思，又回复了一封邮件，问是否要付 15 美元，结果得到确认的回答是我不用付费了。

后来，将这个故事讲给朋友听，朋友们都觉得挺好笑的。现在，我将这个故事放在这里，只是想告诉大家，当你觉得心里不舒服的时候，最好不要憋在心里让自己去承受，比较好的方式是积极地去询问、沟通、交流，将心里的疑问讲出来，不管结果如何，知道原因了，自然心情就会愉快起来。

做个能幸福的人

我记得在国内时，有一段时间听说哈佛的幸福课很火。在百度上，输入“哈佛”+“幸福”，铺天盖地的都是一个名叫泰勒·本-沙哈尔(Tal Ben-Shahar)主讲的哈佛的幸福课“Positive Psychology 1504”的广告和宣传。于是，我想，我应该去听听这门课。可是，令我觉得惊讶的是，我在哈佛大学课程目录(Harvard University Course Catalog)的网站上根本找不到这门课。现在，“心理学 1504”课程是“社会认知”(Psychology 1504-Social Cognition: Making Sense of our Social World)；而根据姓名“Shahar”来搜索，则显示为 0。后来，听教授说，沙哈尔去以色列当老师了。再后来，在一个网站上找到资料介绍说，2011 年，本-沙哈尔加入 Angus Ridgway，共同创立了一个提升领导力的组织——Potentialife。不过，沙哈尔虽然离开了哈佛大学，但其网站上相关的介绍仍然是他当初在哈佛授课的情况。看来，幸福、快乐方面的话题也不是那么容易舍弃?

幸福是人们共同的追求，这是我们得承认的事实。世间各人都在为幸福而孜孜不倦地努力着——在生活、工作等各个方面。每个人都希望自己是个能追求幸福的人、能实现幸福的人、能体验幸福的人。这也就是心理学研究中的一个重要话题——主观幸福感。

主观幸福感(Subjective Well-being，简称 SWB)是衡量个人和社会生活质量的一种重要的综合性心理指标。几千年来，哲学家们都在争论美好生活的质量这一问题，从这些争论中得出的一个结论是美好的生活是快乐的(尽管哲学家们对快乐的定义有所不同)。因为不管在其他方面是如何的优越，不满意的和压抑的社会不可能是一个理想的社会。Diener 和 Suh 在这些哲学观点的基础上提出主观幸福感是评估社会生活质量的三种指标之一(另外两种是经济的和社会的指标)，积极的主观幸福感是美好生活和美好社会的必要条件。

主观幸福感早期的研究主要集中于确定带来满意生活的外部条件。有研究者列出了与主观幸福感测量相关的各种人口统计方面的因素。到1980年，就有了550多项研究探讨了与SWB有关的各种人口统计方面的因素。几十年的研究之后，人们开始认识到外部因素对主观幸福感只有中等程度的影响(Diener等，1999)。人口统计项目，如健康、收入、教育背景和婚姻状况只能解释SWB中较小的差异。研究表明，SWB在不同时间是相当稳定的，它与稳定的人格特质高度相关，其中，受到较高关注的是SWB与外倾[①]和神经质[②]之间的相关关系。近年来美国、加拿大、澳大利亚、英国、荷兰、德国、爱沙尼亚、西班牙、以色列、中国和日本等各国许多理论和实验的工作都集中于该方面研究。有研究发现外倾与愉快的相关系数为0.38。而且，当运用复合的、种类不同的测量方法来研究外倾和愉快之间的关系时，相关系数经常达到0.80。研究者在用结构方程建模评估神经质和消极情感之间相关的强度时，也得到了类似的高相关结果。由于这些研究结果的一致性，许多研究者认为外倾和神经质提供了人格和SWB之间的主要的联系。

在如今积极心理学受到人们喜爱的年代，对主观幸福感的关注无论如何似乎都不为过。所以，我们大家都可以思考一下，如何来提高自己的幸福感？如前所述，健康、收入、教育背景和婚姻状况等情况，只能解释SWB中比较小的差异，它们可以算是人们幸福的基础。在一定的基础之上，决定人们幸福感的则是心理方面的因素了。生活中的每个人，你不一定是名家，也不一定成为伟人，但是，作为普通人，如果你能生活充实、工作快乐，你也能是一个幸福的人。

由于我们是生活在社会上的人，具有社会性，没有人能离开社会独自生活。所以不妨从以下几方面着手：

第一，社会方面。

---

① 外倾，指心理活动倾向于外部世界。外倾型的人重视外在世界，爱社交、活跃、开朗、自信、勇于进取、对周围一切事物都感兴趣、容易适应环境的变化。

② 神经质(Neuroticism)，又称情绪性。艾森克指出，情绪不稳定的人，表现出高焦虑。这种人喜怒无常，容易激动。

若能站在大我的角度,多为社会着想,让自己“站得高、望得远”,让一种高尚的精神引领自己,必然能有一种社会归属感,能体验到幸福感。这是因为,没有一个人是能完全脱离开社会的发展而体验到幸福的。大家若能多为社会想想,多考虑如何体现自身的社会价值,这一定会有助于体验到幸福感。

第二,与他人相关的方面。

常持感恩之心。对父母、对朋友、对他人、对社会、对世界、对自然……把让你感到感激、感谢的人、事、物写下来,经常回味,你会觉得生活充满了幸福。而且,要让感恩成为一种习惯。在哈佛,我的一个很大的感受是,许多的人们都是经常面带微笑的——哪怕是面对陌生的人。我想,一个人如果能经常微笑面对生活,常持感恩之心,那么,他一定是一个幸福的人。

常体会助人为乐。“助人为乐”这个成语是很有意思的,在帮助人的过程中,你的确是会体会到快乐和幸福。小小的事件如帮助后面的人推着门。在哈佛,我的第二个很大的感受是,无论在哪栋楼,你在进出门的时候,前面的人总是会习惯性地帮后面的人推着门。这个小小的动作,真的会让人感觉心里很温暖呢,猜想那些帮助后面人推着门的人能感受到一种助人为乐的感觉。

在遇到难以相处的他人时,也能给自己一些退路。如我在哈佛大学时,就曾听人讲了一个与朋友相处困难的故事。他说:我有一位朋友,很热情,喜欢帮助人。在生活上,有一段时间他对我帮助很大。但我与这位朋友的问题在于,朋友是一个“爱憎分明”,什么情绪都写在脸上的人。如果我没有按照他的意思去办事,比如,我想在我家里安装一个什么东西,他认为没有必要;比如有时候我对孩子稍微迁就,他觉得看不习惯……他的脸就会拉很长,要么冷着脸不说话,要么说的话很刺耳。这样的情况有了几次之后,他给我的感觉就是让我的内心非常压抑。有些时候,我也很窝火,也很想发火,想直接说出我内心的不满,可是,由于种种原因我却不能。后来,我猜想,他在性格方面似乎有点强迫症。那么,面对一个轻度强迫症的患者,你又何必计较呢?虽然,他是你的朋友,你不能逃离。但幸亏,他不是你的亲密无比的人,只是偶尔见见面。你没有办法改变他，那么，你就只有适应他，不计较、不生气，看淡一些、看宽一些。而且，你可以选择见面的频率，最差的情况下，你还可以选择不见面。朋友是一种缘分。我们都知道要珍惜一种缘分。但如果无法继续这缘分，也要学会宽容对待——看淡这份友谊，给自己一个退路，让自己的内心保持一种平和。这也是一个人在追求幸福的道路上，需要作出的舍弃。

第三，与自己相处方面。

与自己的相处则应做到宽严恰当。我们知道，如果对没有花费多少努力就获得的成功，我们是体会不到深刻的成功感和幸福感的；只有经过一番努力而获得的成功才会让我们感觉很成功、很幸福。所以，为自己确立恰当的目标，目标不太低也不过高，让自己努力之后能够达到，才会享受幸福的感觉。

让我们做个能幸福的人！

职业规划篇

哈佛校长演讲的启示

哈佛大学的现任校长德鲁·吉尔平·福斯特(Drew Gilpin Faust)是哈佛建校以来第一位非哈佛毕业生的校长,也是哈佛 28 任校长中第一位女性校长。福斯特于 1968 年毕业于宾夕法尼亚州布尔茅尔学院(Bryn Mawr College),于 1971 年和 1975 年获宾夕法尼亚大学硕士和博士学位,留校任教后成为非常有名的历史学教授。2001 年至哈佛大学。2006 年,时任哈佛校长的劳伦斯·萨默斯(Lawrence Summers)因发表性别歧视的言论而不得不选择辞职。2007 年,福斯特在得知自己被任命为哈佛校长的喜讯后说:“我希望对我的任命是一个机会平等的象征。”并补充说:“我不是哈佛女校长,我是哈佛校长。”

2015 年 5 月 28 日在哈佛第 364 届毕业典礼上,福斯特的演讲(2015 Commencement Speech)从历史的高度给毕业生提出了期望。

图 9-1 演讲中的哈佛校长福斯特

福斯特校长幽默地说,这是一个自拍与自拍杆的时代。但对社会来说,如果人人都注重“自拍”,则是“利己主义”的真实写照了。在韦氏词典(Merriam-Webster's dictionary)中,利己主义(self-regarding)与自我中心(egocentric)、自恋(narcissistic)和自私(selfish)等是同义词。利己主义会削弱人们对于他人的责任感——一种服务的精神。哈佛大学的使命是让毕业生们不断成长、超越自我,这种成长不是只为了个人的利益,而是为了他人和整个世界的利益。利己主义还会使我们忽视了自己对他人的依赖……

校长在演说中,希望大家站在较高的层次思考人生,希望大家注意自己对社会和他人的责任和关系。这对人们的职业规划提出了较高的要求,也就是说,当人们在规划自己的职业生涯时,需要站得高、望得远,不要局限于小我,而要能考虑社会和他人的需要。

图 9-2　哈佛校长福斯特

如果说 2015 这年的演说与职业规划的联系还不够紧密的话,福斯特校长在 2008 年在给本科毕业班的演讲(2008 Baccalaureate Service)中,则是关于人生价值、职业选择等的直接论述了。

其中,我较有感触的是以下几点:

(1) 福斯特指出,学生们询问最多的问题是:"为什么我们之中有那么多的人去华尔街?为什么我们大量的学生都从哈佛走向了金融、理财咨询和投行?"福斯特认为,虽然高薪的工作看似是一个理性的选择,但学生们还一直在询问这个问题,这说明,学生们想问的是"生活的意义是什么"这一问题!

是啊,当我们在规划自己的职业生涯时,到底什么是自己所追求的?是高薪,还是其他?在下表中,若需要对诸多工作价值项目进行排序,你会先选择什么?

表 9-1　工作价值项目清单

工作价值项目	排序
1. 工资高、福利好	
2. (物质方面的)工作环境舒适	

（续表）

工作价值项目	排序
3. 人际关系良好	
4. 工作稳定有保障	
5. 能提供较好的受教育机会	
6. 有较高的社会地位	
7. 工作不太紧张、外部压力少	
8. 能充分发挥自己的能力特长	
9. 社会需要与社会贡献大	
10. 符合自己的兴趣	
11. 专业对口	
12. 离父母近	
13. 在大城市	

如果以上工作价值项目是统一的，那么就太完美了。但现实的情况是，许多项目往往是难以统一的。所以，人们在规划自己的职业时，可以先对上表进行排序，在排序的过程中，了解自己的价值观，也进一步明确人生的意义。也许你会发现，生活中除了高薪，还有很多值得追求的事物。

（2）“我听你们谈论面临的种种选择，我知道你们对成功（Success）和幸福（Happiness）的关系感到烦恼——或者，更准确地说，如何定义成功，才能使之带来并包含真正的幸福，而不只是金钱和声望。你们担心，经济回报最多的选择，可能不是最有意义或最令人满意的选择。”

在我们规划自己的职业生涯时，如何界定成功真的是非常重要。如前所述，成功就是获得预期的结果，达到所追求的目标。人们在评价成功与失败时，所参照的标准可能有：自己的标准、他人的标准、群体的标准（或社会大众的普遍标准）。这几个标准有可能一致，也有可能不一致！这导致人们对成功的理解可能非常之不同，从而导致每个人对成功感的体验的不同。如果能翻回第一章“成功与成功感”部分仔细阅读与思考，也许能帮助你理解成功与幸福，能帮助你在规划自己的职业生涯时更有主意、更为确定。

(3)“不论是绘画、生物，还是金融，如果你不去尝试你喜欢的事，如果你不去追求你认为最有意义的东西，你会为之而后悔。人生之路很长，总有时间去实施备选方案(Plan B)，但不要一开始就退而求其次。”

在此，校长是强调职业兴趣的重要性。我们会对自己感兴趣的事情优先注意，投入大量的精力而乐此不疲。古语之“知之者不如好之者，好之者不如乐之者”即是如此。美国职业心理学家霍兰德(John L. Holland)提出了“性格—职业匹配”的理论，即职业性向的六角形理论。该理论将性格划分为六种类型，即现实型、探索型、艺术型、社会型、企业型、传统型。每一种性格类型的人，会对相应的职业感兴趣。笔者建议大家可以找一份“霍兰德职业偏好量表(Vocational Preference Inventory, VPI)”来具体测量一下。了解自己的兴趣爱好必然有助于规划自己的职业生涯。

(4)“记住我们对你们寄予的不可能实现的期望(impossible expectations)，即便你们意识到它们是不可能实现的，也要记住，这些期望非常重要，它们犹如人生的北极星，能指引你们追求对自己及周围世界都很重要的事物。”

的确，在每个人一生的职业生活中，总需要一些远大的理想和目标来指引自己的追求。我们日常是会忙碌于一些琐碎的事务，但我们的内心需要一些高层次的精神追求来充实我们。如果我们有了较为明确的理想和目标，记住“重要他人”①的期望，我们就能永远保持一种旺盛的精神力。我还记得在我的课堂上，以前有一名本科生在讲台上发言说，“我自己是矿物专业的学生，我以后一定要做一名矿物研究方面的科学家！”我想，这名学生能在一百多人的课堂上宣布自己的理想，他是一定能在这理想的指引下做出一番成就的。

① 重要他人(significant others)是心理学和社会学中的一个概念，指在个体社会化以及心理人格形成的过程中具有重要影响的具体人物。重要他人可能是一个人的父母长辈、兄弟姐妹，也可能是老师、同学等。

校车司机大不同

我们住的地方虽然属于哈佛房产，但距离办公室还稍微有点远，步行至少需要 20 分钟，还好附近有一趟校车，于是，我几乎每天都会乘校车来回一两趟，这也就给了我一个观察校车司机们的很好的机会了。

图 9－3　哈佛的校车站点

哈佛的校车司机似乎是在各条线路上都会轮班。校车在校园里穿梭，在每条线路上只有几个固定的站点，但在同学们有要求时，司机们在非站点的地方也会停下给同学以方便。在我乘坐的这趟校车上，有三名司机是轮班时间最多的，也给我留下特别深的印象。

司机 A 是位白人男司机。他总是笑眯眯的，每当到站将车停下时，他就会面向车门，与每一位下车的同学说再见，与上车的同学打招呼。大家当然也都是笑眯眯地回应或主动地说谢谢。当有人想要在不是站点的地方临时上车或下车时，司机 A 会非常乐意地给予方便。有时候，我还会看见有同学热情地与司机 A 拥抱、聊天，感觉校车上的气氛非常温馨。看见司机 A，总会让我感觉他的生活是多么的美好与阳光。

司机 B 是位黑人女司机，她的态度也非常友好、很热情，也总是笑容满面的样子。当有人问问题时，她总是耐心地回答；有人想要在非站点的地方下车时，她也总是很爽朗、很开心地说：“Sure.（没问题。）”在她的车上，大家下车时会比较多地从前门下车，顺便与司机道声感谢。

司机 C 是位棕色皮肤的男司机,他的情况则截然相反了。司机 C 的脸上几乎从来没有过笑容,总是一副不开心的样子。如果偶尔有人想要在非站点的地方下车,他从来都是一口就拒绝,严肃地说只能在站点停车。有一次,在法学院附近红灯停车时有同学站在车门外,司机 C 很不乐意地开了车门,等同学上车后他非常不高兴地对同学说这里不是站点。所以,在司机 C 的车上,气氛总是让人感觉非常紧张。到站后,如果有同学从前门下车礼貌地与司机说谢谢时,司机 C 一般都是不理睬、不回应。所以,在司机 C 的车上,同学们多是从后门下车,大概是为了避免到前门去与司机道别的尴尬?

在相同的工作环境——校车上,司机 C 在工作态度、自身情绪上都与司机 A、司机 B 大为不同。这不由得让人陷于思考:这是为什么呢?

管理心理学中有不少关于“大材小用”的论述,也即是说,如果有人对自己的工作不满意,认为自己是大材小用了,就往往会不开心,对工作不认真负责,对生活充满怨艾。而日子会一天天过去,无论你是开心还是不开心,你都会度过这一天。那么,对我们来说,从哈佛几位校车司机的不同,我们也应该对自己的职业规划有所思考:自己应该怎样规划自己的生活?找一份怎样的工作?应该怎样度过每一天?

你是希望自己不开心、不快乐地度过每一天,还是希望自己开心、充实地度过每一天?答案无疑是后者。你是希望给周围的人带来不快还是快乐?答案应该也是后者。那么,该如何规划自己的职业生涯呢?

职业生涯规划(career planning),又叫职业生涯设计,是指在对一个人职业生涯的主客观条件进行测定、分析、总结的基础上,对自己的兴趣、爱好、能力、特点等进行综合分析与权衡,结合时代特点,根据自己的职业倾向,确定其最佳的职业奋斗目标,并为实现这一目标做出行之有效的安排。简而言之,职业生涯规划就是了解自我,确定职业目标,作好准备、努力实现职业目标。

对规划自己职业生涯的人来说,首先非常重要的一步就是了解自己:自己的职业理想、兴趣爱好、性格特征、价值观、对不同职业的认知;以及自己的专业特长、优势与短处等等。只有了解自己了,才可能为自己规划一份适合自己的职业。就如哈佛校车司机 C,如果他的兴趣爱好不在开车,他并不愿意成为一名校车司机,而现实是他每天必须在校车上工作好几个小时,我们又怎么可能期望他能表现得开心呢?

规划职业生涯的第二步是了解社会,为自己确定职业奋斗目标。因为我们是生活在社会上的人,我们不仅要了解自我,还要将自己放在社会的大环境下去思考什么样的职业是比较适合自己的职业。而且,在职业中,我们不仅能发挥出自己的能力和特长,显现出自我的价值,同时,还能给社会带来经济效益、社会效益,发挥出巨大的社会价值。校车司机 A 和司机 B 在工作中,每天都能保持良好的情绪,努力地将方便与快乐带给每一位同学,这真的值得我们学习。

规划职业生涯的第三步则是在确定职业目标之后,做好一系列的准备,努力实现自己的职业目标。

希望大家能做快乐阳光的“司机 A”、“司机 B”,而不要成为充满不快的“司机 C”。在作出职业规划之后,能积极努力地向着自己的目标前行,在达成目标让自己开心快乐的同时,也给他人带来快乐,给社会传递正能量!

图 9-4　哈佛校车

人各有志

人生有许多不同的选择。其他暂且不说，单是到哈佛访学的访问学者在访学结束后的选择之不同，就可以看出每个人对人生的思考之不同，每个人职业规划之不同。

我来哈佛访学有许多的偶然，这一年的经历可以算是在上海大学工作之余的一次休养生息吧，所以也从来没有想过要留在美国。但是，我的身边却有不少的人在访学结束后选择了留在美国。

D第一次与我见面时就说，"我不回去了，我会留在美国。"我在心里琢磨着他的话，问："美国有什么好啊?"他回答说："你看，这天多好啊，空气好，孩子的教育好。"我说："差不多吧!? 国内也有好的地方啊。国内空气好的地方多着呢。而教育呢，也都差不多吧? 在国外，如果想读好的大学，比国内还累。"然后，谈及日后的打算，D说："我会再找一个访学的机会，以后如果可能则读个博士，找个适合的工作。"但我知道，他在国内是有着非常不错的工作的。

E是已经在美国待了几年的了。他没有讲原因，似乎觉得不需要理由。他说，"我就是喜欢这里的生活。"但我还是很纳闷，他为什么愿意放弃国内挺好的工作而继续在美国待着? 在美国，访问学者J1的签证似乎是不能工作的，那么，波士顿这边这么高的房租、日常费用等怎么支付呢? 就这么吃着老本，能吃几年呢，日子还能有质量可言吗? 可是，他不愿意多说，我也就不好多问了。

F也想继续延期。但他的情况是理由比较充分，是想让自己有空闲时间做科研，是想让孩子在美国多念书。我想了想，是的，回国后，教学、科研上的事情的确挺多的，没有在美国这里访学时似乎回归到学生时代的单纯。也许，在美国多待几年是能多做出一些科研成果来的。所以，他说想留在这里做些科研，我似乎还比较容易理解。但是，为了科研就如此拼命似乎也对自己太过苛刻了。生命的意义不全由科研来说明，在做科研的同时，也要注意保养身体呢。

而且，一年访学结束之后，继续留在美国可就是自费了呢。

看着周围朋友的选择，我其实还是有点不太理解那些拼命想留在美国的行为。因为感觉上，无论你在美国混得怎样，你是很难混入上流社会的，也是很难与美国人民打成一片的。留在美国的中国人，其实更多的还是与中国人在交往。而且，我眼见了许多在美国博士毕业的中国人在美国并没有找到很好的工作，最终还是选择了回国发展。回中国很好啊：语言相通、饮食习惯、工作条件优良、医疗方便……总之，那里是自己的国家。而且，国家现在也如此强大。还记得“科学没有国界，但科学家有祖国”吗？后来，有朋友用一个词帮助我解释了困惑——“人各有志”！想想也对啊。人各有志！人与人是不同的。每个人都有自己的志向，有自己的追求。

我想，这种选择跟一个人的性格是很有关系的。有些人是天生比较有闯荡精神，喜欢挑战自我，喜欢冒险、刺激的感觉。在一个地方待腻了，想换一个环境。所以，他们会想要给自己一种不一样的生活。而有些人则比较喜欢稳定的生活。但毕竟这种访学结束后选择的不同，对于人生来说不是一丁点小小的选择，而是关乎一生的重要选择。猜想，这种选择的更深层次的原因还在于价值观念的不同。

价值观是指一个人对周围的客观事物（包括人、事、物）的意义、重要性的总评价和总看法。价值观具有相对的稳定性和持久性，它也使人的行为带有稳定的倾向性。价值观的含义很广，包括从人生的基本价值取向到个人对具体事物的态度。个体的价值观是从出生开始，在家庭和社会的影响下逐步形成的，个人所处的社会生产方式及其所处的经济地位，对其价值观的形成有着重要的影响；报刊、广播、电视和网络等媒体以及父母、老师和朋友的观点也对个人价值观的形成和发展有着重要的影响。总之，价值观作为心理素质的一个方面，它是在个体生理素质的基础上，受家庭、社会等各方影响而形成和发展的，有的人受社会的影响大些，有些人则受父母的影响大些。

我们在面对人生中重要抉择的时候，往往面临着诸多的冲突。俗语云：“鱼和熊掌不可兼得也。"那么,在面对两难、甚至三难选择时,最终决定你的选择的就是自己的价值观了。的确,当我们在进行着人生的诸多选择时,往往面临着价值观的冲突。例如,在工作选择方面,高薪待遇、工作环境舒适、工作稳定有保障、别人艳羡的目光、父母的期待等方面出现矛盾时,你究竟最看重什么?往往左右你的选择的就是你的核心的职业价值观,它影响着你的决策。

我还听说,有访问学者带着老婆、孩子到了美国后,一心想再生几个儿子。他放弃了国内的高薪、高职位,在美国打着零工,过着较为凄惨的生活。他的朋友们都不理解他,为了生儿子,有这个必要吗?为什么会如此执拗?后来,朋友们多方了解到他的家庭环境,了解他如此看重生儿子的原因其实就是他内心深处对子嗣的看重,他觉得人生的意义就是要传宗接代。现在看来,这样的想法很迂腐、很封建。但是,他是家庭环境造就了他的价值观,他为了有个儿子而愿意放弃一切其实也不难理解。这也算是人各有志吧。

当然,更多的访问学者在访学结束之后,是选择了回国的。毕竟,国内有着自己的亲人,很有归属感,国内的生活更为适应,不需要使用并不是母语的语言努力着理解他人并让他人明白自己。国内有着自己的工作,在国内也更容易实现和体现自己的价值。

但是,的确是人各有志。大家在人生的一些重要抉择中,如是否继续读博、是否移民等方面,左右你的选择的,是你的价值观。所以,当我们在进行职业规划时,不妨多想想:自己究竟最看重什么?自己为什么如此看重某个因素?是父母对自己从小的教育决定了自己的选择吗?这样的选择有意义吗?

创业的脚步

到了哈佛后,感觉与国内很不一样的是:同学们想要创业的、准备创业的、处于创业过程中的……是那么的普遍。似乎，身边同学中，不少都有创业的想法。关于创业交流的微信群、QQ 群等也如雨后春笋般涌现。仅仅在中国学生学者的群里，就会经常看见有人在说，自己想在某方面创业，问是否有志同道合的合伙人。而创业的领域也是五花八门，有中国食品安全创业、英语网络教育创业、医疗服务创业、医疗设备创业、药物化学创业、互联网创业、智慧建筑创业等。

在哈佛校园里，经常会看见各种关于创业的讲座，如投资人见面会、创业起步方面的讲座、创业大赛、模拟创业项目等。我曾看见的广告就有如“与俞敏洪、教育行业创业者和投资人对话”活动等，由于参与者众多，100 多人的场地，实际有 700 多人报名(由此可见此类活动的热门)，所以，活动主办方不得不通过抽签的方式来筛选参与者。特别地，在商学院、肯尼迪学院等则较为经常有创业方面的模拟创业项目，经常会看见有同学说正在完成一个模拟创业的作业，请有空的同学帮忙做一做市场消费调研的被试；而且，在这两个学院，也会经常看见他们发布与创业者对话的系列活动。

创业，似乎成了一种风尚。似乎不创业则人生就会有不成功、不完整的感觉。

不过，也有谨慎的人说，“创业犹如弄潮。弄潮儿不小心也可能湿了脚，甚至被潮水淹没。”

我还记得在国内教学时，也有同学问起过创业的事情，想请老师给一些指点。可是，我自己本身没有创业的经验，要谈创业似乎有点没有足够的谈资。但是，作为观察者，我认为创业肯定是不容易的、风险很大的，在同学经验不足、资金没有着落的情况下，一般不建议轻易踏出创业的脚步。

我们知道，创业体现了创业者的追求、想法。在许多创业者的心中，创业也是体现自我价值的一种方式。我想，有勇气创业的人总比昏昏噩噩过日子、没有奋斗精神、终日“啃老”、不求上进的人好。敢于创业，的确体现了一种生活境界。

在生活中,我们看到的多是创业成功的案例,但是也许还有更多的没有成功的案例不为人所知。所以,我们需要自问:

第一,自己的性格特征是否适合于创业?这是创业的非常重要的条件。我们知道,不同性格特征的人,差异是很大的。首先,有些人天生就喜欢冒险、闯荡;而有些人则喜欢安稳、没有风险。如果你是前者,那么可以尝试,如果你是后者,则没有必要逼迫自己。其次,有些人的抗挫折能力很强,即便是很大的挫折也能承受、排解,甚至能从挫折中获得进一步成长的动力;相反,有些人的抗挫折能力较弱,即便是很小的挫折也不能承受,他不能承受别人的脸色,不能承受别人的看笑话……我们知道,创业很少是一帆风顺的,遭遇挫折在所难免。如果抗挫折能力较为薄弱,又如何去排解挫折,如何从挫折中成长呢?可能有人会说,性格可以改变,抗挫折能力可以提高,可是,创业过程中的艰苦以及时间的紧张等,可能不会给创业者性格成长留下太多的空间和机会。所以,在创业前,自己审视自己的性格特征是否适合,这是非常重要的一步。

第二,自己是否已经深思熟虑,做好了规划?这也即是心理、精神上的准备。在创业前,在寻找投资人之前,创业者需要撰写翔实的企划书。这与科研工作者申请科研项目类似。企划书需要有国内外相关研究述评,需要述说本项目的意义,本项目的目标是什么,本项目的主要内容是什么,重点、难点是否清晰?是否有具体的方法、营销策略?项目的步骤、时间规划如何?本项目的创新点何在?对风险是否有足够的预计?等等。只有详细、清晰的企划书才可能打动投资人。在撰写企划书的过程中,也是创业者进一步思考自身与外界因素的交互关系的过程。总之,机会是给有准备的头脑,每一个创业者都需要认真思考、规划自己的人生。

第三,自己是否已经有足够资金的装备?这是创业的物质上的准备。创业不同于其他,资金的重要性无与伦比。有足够的资金就有开始创业的可能,没有足够的资金则创业没有根基。无论是国家的、社会的、企业的,还是个人的投资,这资金是否充足、是否稳健、是否会有变故等,是重视得再多也不为过的事情。国家的投资是最为稳定可信的，可是，可能竞争比较激烈，比较难于争取；社会上一些单位、部门的资金也一样紧张、难求；企业的投资方向比较多样，可是怎么打动这企业的高管就需要诸多的心思；而如果是想要获得个人的投资，则要研究该投资人的个性、成长经历等，思考这投资是否容易变动、是否可信？千万不要创业到一半，犹如楼建造到一半时，缺乏资金像"烂尾楼"那样搁了浅。

2015年5月4日，国务院办公厅国办发〔2015〕36号印发《关于深化高等学校创新创业教育改革的实施意见》。《意见》指出，"深化高等学校创新创业教育改革，是国家实施创新驱动发展战略、促进经济提质增效升级的迫切需要，是推进高等教育综合改革、促进高校毕业生更高质量创业就业的重要举措。党的十八大对创新创业人才培养作出重要部署，国务院对加强创新创业教育提出明确要求。近年来，高校创新创业教育不断加强，取得了积极进展，对提高高等教育质量、促进学生全面发展、推动毕业生创业就业、服务国家现代化建设发挥了重要作用。但也存在一些不容忽视的突出问题，主要是一些地方和高校重视不够，创新创业教育理念滞后，与专业教育结合不紧，与实践脱节；教师开展创新创业教育的意识和能力欠缺，教学方式方法单一，针对性实效性不强；实践平台短缺，指导帮扶不到位，创新创业教育体系亟待健全。为了进一步推动大众创业、万众创新，经国务院同意，现就深化高校创新创业教育改革提出如下实施意见……"

《意见》如此，国家的政策如此，说明创业的确是一种新的方向，国家有帮扶政策。那么，有意向创业的同学也就有了更多的支持。祝愿想要创业的同学们，创业的脚步能走得扎实一些、稳健一些。在踏出创业的脚步之前，请一定审慎思考上述几点提示，自己是否都已做到。

生命思索篇

走近 John F. Kennedy

图 10－1　John F. Kennedy

2015 年 4 月 19 日，一个晴朗的周日，我们去参观了肯尼迪图书馆和博物馆（John F. Kennedy Library and Museum）。

肯尼迪图书馆和博物馆位于波士顿港口，乘坐地铁红线到 JFK/UMass Station（很显然这一站也是根据总统的名字命名的），然后换乘免费的班车就到了。肯尼迪图书馆和博物馆的网站上的指示非常明晰，我们没有走一点冤枉路。

到了肯尼迪图书馆和博物馆，首先是从观看一段视频资料开始，视频大致介绍了 John F. Kennedy 总统的成长经历。然后，馆内大量的实物和影像资料向参观者展示了一位年轻有为的总统。

John F. Kennedy 于 1917 年 5 月 29 日出生于美国马萨诸塞州布鲁克莱恩的有名的肯尼迪家族。肯尼迪家族曾希望 John F. Kennedy 的哥哥能竞选总统，但哥哥不幸去世了，于是，家族将希望转寄到 John F. Kennedy 的身上。John F. Kennedy 毕业于哈佛大学，曾是一名海军中尉，曾任美国众议员和参议员。

John F. Kennedy 准备在 1960 年大选中竞选美国总统。在准备竞选总统时，他仅 40 多岁，所以有人劝他先竞选副总统，可是，他拒绝了，说自己没有兴趣竞选副总统，自己想要竞选总统。他体弱多病，信奉天主教，这些是他的弱项。可是，他极力演说，让美国人民相信他是为民主党而努力，他说，“我不是天主教的总统候选人，我是民主党的候选人，只是恰好是一个天主教徒而已。”经过无数的演说、游说，我们现今当然不知道作为总统候选人有多么的艰难，但是，最终，John F. Kennedy 于 1961 年 1 月 20 日正式宣誓就任美国第 35 任总统，在他 43 岁时，成为美国当时历史上最年轻的总统。

1963 年 11 月 22 日，John F. Kennedy 到得克萨斯州的达拉斯市访问。在乘坐敞篷汽车游街时，行至一个拐弯处时，被埋伏的枪手射中头部，送往医院后很快就死亡了。John F. Kennedy 总统任职仅 1 000 天左右。

在图书馆和博物馆展览的末尾，是用古巴导弹危机事件来展示了肯尼迪总统的贡献。当时，前苏联意欲在古巴进行核试验，由于古巴与美国相距非常近，这使肯尼迪总统陷入了危难之中。经过十多天的努力，最终赫鲁晓夫同意撤出导弹。成功化解了导弹危机，这是美国历史上认定的肯尼迪总统的贡献之一。

了解了一段历史，了解了美国第 35 任总统，让人感叹不已。在整个图书馆和博物馆，给人印象最深的就是，馆内有着大量的肯尼迪总统发表演说的视频资料，让人感觉走在博物馆里面一直都是在看肯尼迪总统在不同的场合为不同的任务而进行着声嘶力竭的演说。看来，当总统也不是那么容易的事情啊！

看过肯尼迪总统的事迹，我们可以从不同的方面来思考人生：如果说，从个人的价值来说，当上总统了，实现了自己的愿望，也实现了家族的愿望，无论时间长短，这都是无比荣耀的事件，是留存历史的纪念。但如果从个人的生活来说，那么些年艰难的努力，却轻易被两颗子弹结束了自己的生命，这又是多么的可惜啊！

我家孩子对总统被刺杀的故事很有兴趣，问："怎么总统都那么容易被刺杀？林肯总统也是被刺杀的，对吗？"我觉得很难回答这样的问题，但我想，这样的事情在中国似乎没有听说过。在中国，枪击事件没有美国那么猖獗。生活在不同的国度，真的是不同的国情呢。

走近 John F. Kennedy，我为他的一生而感觉悲壮，那么艰难的奋斗，那么努力的生活，一朝得胜，却千日丧命。他在人类历史上留下了他的脚印，希望他的事迹可以给生活着的人们以启示。不管这启示是怎样的。

对于我们个人来说，通过一些历史人物来思考生命意义却是非常有必要的。生命意义是关于生命的积极思考，是个人正在努力实现的，自己给予高度评价的生命目标。那么，你对自己生命中给予高度重视的目标是什么呢？

以下，是一个常见的心理活动设计：

最后的 24 小时

灾难降临，人类即将灭亡，在最后的 24 小时里，你最想做的事情有哪些？

请按照重要性、紧迫性依次列举出你最想做的 10 件事情。

表 10－1　最后的 24 小时

顺序	想做的事情
1	
2	
3	
4	
5	
6	
7	
8	
9	
10	

不过，有人指出，这样的设计不够好。因为若是人类即将灭亡，那么，我们个人就会少了许多的顾忌，选择可能就不那么真实，所以，我们最后的设计是：

最后的 24 小时

我得了重病，即将不久于人世。在最后的 24 小时里，我最想做的事情有哪些？

请按照重要性、紧迫性依次列举出自己最想做的10件事情。

表10-2 最后的24小时

顺序	想做的事情
1	
2	
3	
4	
5	
6	
7	
8	
9	
10	

不一样的人生

在哈佛大学，研究生似乎是不受年龄限制的。在一次哈佛的活动中，我偶遇了一位年纪看上去挺大的女士S。起初，我以为她也是访问学者。结果一聊天，她说自己是读硕士的，而且，是刚考上。我有点不好意思，但是，我也不想放弃心中的疑问，就委婉地问："哈佛大学读研究生有年龄限制吗？"她立即明白了我的意思，说："没有年龄限制。只要你想读，多大岁数都没有问题。"后来，更多的聊天，我知道了，她是一位书店店主，在他们国家，她已经有好几家店铺。我表示很惊讶，又八卦地问："那么，你丈夫和孩子都支持你来读书吗？"她爽朗地回答说："我们离婚了。孩子也大了，各自管自己的了。"这次，我是真的有点不好意思了，赶紧说："那么，你自由了。你想怎么样就怎么样。你看，你现在想来哈佛读硕士，就来了，没有人限制你。"然后，我又询问了哈佛大学的学费。才知道，哈佛大学的学费很贵，本科生一年三、五万美元，研究生一年二至六万美元，不同的年份、不同的学院、不同的专业其价格不一样。这样算下来，一个学生若读两、三年下来，加上食宿等，真是不小的一笔费用呢。

S的事迹对我挺有触动的：年纪那么大了，还有想要拼搏的精神，真是不容易呢。在生活中，许多年龄、经历与她类似的人，在她的那个年纪可能更倾向于选择休闲的生活了。于S来说，她的职业生活应该是挺成功的，开了多家书店，挣的钱足够支付她想选择的生活；而读书，追求精神生活的满足，给了她另外一条道路。虽然读书很辛苦，却可以让她感觉到充实，感觉到人生的意义，感觉到人生拼搏的快乐，体验一种不一样的人生。

S的事迹让我想起了一位中国的传奇人物——王大康。

1934年，王大康出生在四川省乐山市的一个普通农家，15岁的时候，他到西藏当了兵。在西藏生活了12年之后，1962年，他退伍回家务农，直到1981年，他的几个孩子都已经成人后，他开始了自己的梦想之旅——周游全国。1996年9月1日，王大康进入原四川师范学院成人教育学院中文系新闻专业学习，成为中国第一个60多岁的高龄大学生。从2000年9月开始，王大康在四川师范学院中文系攻读旅游文学专业硕士研究生课程。2002年，他又独自骑车开始了出国的旅程，他到过尼泊尔、缅甸、哈萨克斯坦、老挝，在那里感受了别样的异域风情。2008年，王大康又向乐山师范学院提出学习申请。

王大康是我国第一位骑自行车环游全国的人，同时也是我国年龄最大的大学生和研究生。现今80多岁高龄了，他当初坚持骑车周游全国、周游世界的事迹感动了无数的人。

王大康说："我之所以一而再、再而三地去争取实现骑车环游世界这个愿望，就是要向世人宣告，外国人能办到的事，我们中华民族的子孙也能办到。了解世界，认识世界，热爱和平，是我的追求和愿望。我有老伴和两儿两女，也有了第三代，我热爱安宁的生活，但我不能舍弃我的追求和理想。此次出门在外，什么事情都有可能发生，对完成此次世界之游我没有十足的把握。但不管怎么样，我心已定，志已坚，从我跨出家门开始，我就准备将生命交给大自然，即便真有不测的一天，我也无怨无悔。"

但也许，王大康更让众人感动的是他在那么大年纪却选择了读书。我们知道，人到一定的年纪后，记忆能力、思维能力等都会下降，读书肯定比不过年轻的人们，坚持读书真的不是一件容易的事情。可是，他坚持下来了，还准备修改自己的《王大康游记》，这真的是太了不起了。我们真应该自问：年龄大了、学习条件不佳的人都那么努力、认真地学习，我们年轻的人们为什么不能更加用功？

而且，在生活中，王大康也是非常积极乐观，充满感恩，能感受到生活的快乐。

王大康在生活中也挺有生活情趣。平常他喜欢种一些花花草草，并且坚持每天跑步10公里、用六个手指头做30个俯卧撑、打打太极、会一些简单的功夫等。最令人吃惊的是，他每天坚持学英语、记单词、看人民日报和一些散文等。谈到自己的国外之旅时，王大康带着欢快和感激之情不停地说："那些国家的人都好热情，看到我一个人骑着自行车背着那么重的东西，都主动地帮助我，给我水喝。我每到一个国家，大使馆的工作人员都会热情地接待我，给我介绍那里的风土人情。虽然我不懂他们的语言，但我能感受到那份情谊。"

我们每个人的人生都一样的是那么几十或上百年，如果每一个人都能如S和王大康那样保持一种积极的心态，认真地过好每一天，我们的世界怎能不光明灿烂?

我钦佩一把年纪还来读书的人们,也为敢于创业的年轻学子而感到佩服。不管是怎样的人生,有规划、有设计,努力过,就不会后悔。祝愿大家都能早思考、早决定,给自己的人生规划一条明晰的道路,让自己人生的每一天都充满意义!

荣格的一生

卡尔·古斯塔夫·荣格(Carl Gustav Jung, 1875-1961)是心理学界一位非常有传奇色彩的人物。他的一生充满了神秘的元素。我在多年前就看过一些关于荣格的著作,这次在哈佛又阅读了关于荣格的书。感觉中,荣格的人生对我们的生命思索倒是很有助益。

荣格于1875年7月26日出生于瑞士东北部康斯坦斯湖畔一个名叫凯斯威尔的村子里,在巴塞尔大学城长大。他的父亲及八位叔伯都是牧师,因此童年的经历使他受到了十分强烈的宗教影响。

荣格的童年时代非常孤单寂寞。在他出生之前,他的两位兄长都在摇篮时代夭折了。在他九岁那年,他的妹妹才出世,所以他总是一个人玩耍。他常常玩自己创造的游戏,并常常设计新的、更为复杂的游戏。荣格的父母感情不和,父亲烦躁易怒,很难相处;他的母亲则患有情绪错乱和抑郁症,精神与情绪表现非常反复无常,这曾使他疑惑他的母亲是否是同存一体的两个人。父母间无休止的争吵,使幼小的荣格和家庭形成隔阂。他非常相信他的梦、幻觉和离奇的现象。

当荣格十岁时,他在阁楼中把一把木尺子雕成人像,安置于一个小木盒中。他给它穿上礼服和黑色的皮靴,戴上礼帽,还立了一块碑。这个木头人成了荣格的秘密伙伴,只要感到烦恼,他就上阁楼与木头人玩耍。荣格和这位秘密伙伴进行漫长的对话,向这位伙伴袒露内心深处的种种隐秘。荣格还和这位伙伴一起举行种种无始无终的仪式，订立种种密约。当他十一岁时，从村学校转到巴塞尔城里一所规模较大的学校。他对数学、神学及体育课都感到深恶痛绝，故以自己患晕厥症为由逃避上学。晕厥症发作便也日渐严重，他退学了六个月。在这段时间里，荣格陶醉于随心所欲的阅读和探索大自然奥秘的自由之中，根本没把自己的病当回事儿。直到有一次他偶然听见父亲在与朋友谈话。父亲说："大夫们都说不出这孩子得的是什么病，如果他患了不治之症，那就太可怕了。为了给他看病我已经竭尽全力，倘若他不能自己谋生，那可如何是好啊？"荣格很惊恐，也很难过，但也就是从那时起，他的身体奇迹般恢复正常了，也恢复了正常的学业。荣格说，那一段时间的亲身经历，使他真正明白了什么是神经症。

荣格入大学时，起初想读考古学。但家庭经济所能支持的巴塞尔大学没有此学科，他便开始学习医学。在大学学习期间他一面完成了要求完成的学业和工作，一面仍利用空余时间特别是星期天，广泛阅读康德、歌德、哈特曼、叔本华和尼采等的著作。到了第三学年，荣格必须作出决定，究竟是专修内科，还是专修外科。此刻，他已隐隐觉得外科和内科都不符合自己的口味。在随即而来的暑假里，发生了几起神秘玄奥的事件。这些事件仿佛命中注定要对他的职业选择发生影响。第一件神秘的事件是餐桌的破裂。那天，荣格正在自己的房间里学习。突然，他听见隔壁的餐厅里发出一声巨响，像是开枪射击的声音。他走进去，发现母亲正在做针线活，而母亲身旁大约三英尺的那张大餐桌裂开了。裂口从餐桌的边缘一直裂开到餐桌的中间。餐桌是用老胡桃木制成的，非常坚硬。而裂口处既不是衔接之处，也不是合缝之处。荣格对此百思不得其解。另一件神秘的事件发生在两星期之后。荣格从外面回来，发现母亲、妹妹和女仆正在谈论：大约1小时之前，她们听见餐具柜里发出一声震耳的巨响，但找了半天，什么迹象也未发现。荣格上前察看，发现篮子里的一把极好的面包刀裂成了一堆碎片。第二天，荣格将这些碎片拿去给一位刀匠看，请他判断是怎么回事。刀匠仔细地打量了一番，说："这刀好极了，刀钢没有一点儿毛病，一定是有人故意把刀折成了碎片。"值得一提的是，直到生命暮年，荣格始终小心地保存着这些碎片。正是这些神秘事件促使荣格把兴趣转向了心理学和心理病理学。

那年秋天返校后，荣格阅读了德国神经学家 K·爱宾所著的精神病学教科书，书的序言写道："很可能正是由于学科的奇特性及其不完全的发展，精神病学教科书或多或少被打上了主观性的印记。"紧接着，书中将精神病说成是"人格病"。读到这里，荣格的心猛然一震。他后来形容说当时的感觉是："犹如电光一闪，我立刻清楚地意识到：对我来说，唯一可能的目标只能是精神病学。"这样，荣格 24 岁那年，终于选定了精神病学这一专业，并为之奋斗终生。

1900 年荣格在巴塞尔大学获取医学博士学位，后在著名的精神病学家欧根·布留伊勒(Eugen Bleuler)指导下在苏黎世的波古尔兹利(Burgholzli)精神病医院任职。在那里，荣格学到了后来奠定他学者地位的某些东西。例如，布留伊勒曾指出，精神疾患是由于患者处于"一种机体神经支配伴随下的情感状态"，荣格便根据这一理论，开始了特定的"情感状态"的实验研究。著名的语词联想实验就是根据这一实验需要设计和发明出来的。他们精心选择 100 个刺激词，如气愤、针、游泳、旅游、绿色等，并按特殊方式排列。实验时让被试看一下词表中的一个词，看 1/5 秒，然后让被试尽快对之进行反应，进行联想。如果病人在作出反应时显得犹豫不决，或者流露出某种情绪，就表明该词很可能触及了荣格后来称之为"情结"(complex)的那种东西。情结这一概念的形成，无疑是一重大突破。

荣格曾治疗过一位患有轻度癔病型神经症的女病人。她的病与父亲情结有关。她与父亲的关系很好，但后来父亲去世了。她对学习可谓全身心投入，其驱动力是她需要从与父亲的情感纠缠中摆脱出来。不幸的是，病人的男友令她不够满意，她的情感便一直摇摆于男友与父亲之间。后来，神经症症状便日益严重。在治疗过程中，病人产生移情，把父亲在自己心中的意向投射到医生身上，并将得不到的那个男人也投射到医生身上。医生成了父亲及情人的化身。后来，病人做了一个梦：父亲和她一起站在一个小山顶上，周围都是麦田。站在他身边，她显得很小很小，而他仿佛是一巨人。他把她像小孩子那样举离

图 10－2　叼烟斗的荣格

地面，抱在手中。风吹拂着麦田，他也在手中摇摆着她。从这个梦中，荣格感觉到病人的移情倾向具幻想性质。也许，这在表面上指向某个人，而在更深意义上指向某个神？尽管这一新的假设并不完全被病人所认可，但此后，意想不到的情况发生了：病人对医生的移情一点一点地减少，而同时，她与男友的关系却加深了。最后，病人终于走出感情陷阱，而获得精神独立与解放。通过这一病例，荣格认识到："梦并不仅仅是幻想，同时也是内在精神发展的自我展现，正是这种精神发展使病人的心理能够逐渐地成长和摆脱那种没有精神支撑点的个人纽带。"这一发现使荣格的职业生涯进入成熟的阶段。

然而，对荣格的思想影响最大的则是弗洛伊德。弗洛伊德的《梦的解析》一书于 1900 年出版，荣格读了很感兴趣。荣格说，《梦的解析》对于青年精神病医生们是"启蒙的源泉"。1906 年二人开始通信，1907 年荣格应邀到维也纳与弗洛伊德相会，积极参加了弗洛伊德的精神分析运动。1910 年，他与弗洛伊德共同创立了国际精神分析学会，并由弗洛伊德提名任第一任主席。弗洛伊德称荣格为自己最长的继子，称荣格为他的加冕王子以及自己的接班人。但主要由于学术观点上的分歧，1914 年荣格辞去国际精神分析学会主席之职，退出协会，创立分析心理学，并写了许多这方面的著作，如《荣格全集》十七卷，及尚未编入的《分析心理学的理论和实践》(1958)、《追求灵魂的现代人》(1955)、《人及其象征》(1954)、《记忆、梦、反省》(1961)等。

图 10－3　晚年的荣格

荣格认为人格是一个极其复杂的结构，它包括三个层次：意识、个人潜意识和集体潜意识。荣格形象地指出，人格的意识方面，如一个岛的可以看见的部分。意识的下面一层，即岛的可见部分的下面的大部分是未知的，称个人潜意识，可以由于潮汐运动而露出水面。第三层是集体潜意识，在岛的最下层，属于广大基地的海床。其中，集体潜意识是遗传下来的，为集体所共有的潜意识，它反映了人类在以往的历史进化过程中的集体经验。从个体出生第一天起，集体潜意识就给个人的行为提供一套预先形成的模式。荣格将集体潜意识的内容称为原型。在他生命的最后四十年期间，荣格致力于探究种种原型，写作关于原型的著作。荣格认为："生活中有多少典型的情境，就有多少种原型。"但荣格对以下原型特别注意：①人格面具（persona）；②阴影（shadow）；③阿尼玛和阿尼姆斯（Anima and Animus）及④自我（self）。集体潜意识这一理论的提出，是荣格对心理学最杰出的贡献，是心理学历史上的一座里程碑。荣格摆脱了严格的心理的环境决定论的桎梏，向世人证明，进化和遗传不仅为人类的身体描绘出了种种蓝图，而且也为人类的精神、为人类的人格描绘出了种种蓝图。

荣格根据力比多的倾向将人的性格划分为外倾型和内倾型。外倾型的人，力比多的活动倾向于外部环境，客观倾向占支配地位；内倾型的人，力比多的活动倾向于内心世界，主观倾向占支配地位。外倾型的人，重视外在世界，喜好社交，活跃，对周围事物感兴趣；内倾型的人，重视主观世界，好内省。这是目前最为著名的类型论，已为人们所认可，并在教育、心理、管理、医学等领域被广为运用。

不可否认，荣格的理论具有神秘主义色彩，并深受宗教的影响。他的理论中许多概念和提法缺乏科学性。但荣格毕竟是创立了分析心理学，并在心理学等领域产生了深远的影响。荣格的一生充满了各种不可思议的事情，可是，他却在兴趣的指引下让自己的人生变得那么的丰富多彩。我们每个人的人生都是独特的、与别人不一样的。那么，我们该怎样让自己的人生变得更有意义呢？

美国式过马路

关于生命、关于人生，我们每个人都有自己的思考，就比如该处的三个小故事就曾久久地在我的内心萦绕：

美国式过马路

在国内经常听人说“中国式过马路”，感觉中国人在素质上比外国人差许多似的。可是，到了哈佛，我发现外国人也一样嘛。经常还是红灯时，就看见有人冲到马路对面去了。而且，如果有人在红灯时过马路了，旁边的人往往也会紧随其行。可以说，在不同的时间、不同的地点，要看见这样过马路的人真的是太容易了。记忆最深的是 2015 年美国国庆节那天，在波士顿观看烟花表演前，马路上闯红灯的人可谓穿梭不息，闯红灯的人群可谓蔚为壮观。可惜笔者当时着急去观看烟花，没有来得及拍照留念。现在，只有附上几张在其他时间拍的图片例证一下。

图 10-4　美国式过马路

图 10－5　闯红灯的行人

但为什么人们常说中国式过马路，而不说美国式过马路呢？我想，原因主要在于中国的人口多，马路宽的地方一群人过马路就显得比较突兀。而美国人口相对比较少，有一些马路也不是那么宽敞，他们的行人闯红灯了，给人的感觉就没有那么突兀。仅此而已。

在此，我不是为闯红灯过马路而辩解。毕竟闯红灯是不文明且很危险的行为。只是想说，人性都差不多，不管是中国还是外国，都有红灯时过马路的。大家都有着急的事情，大家都有觉得红灯难得等的时候，大家都有侥幸心理，大家都可能想着偶尔闯一下红灯没有关系。

是否闯红灯，取决于你的想法。你是想挑战一下规则，还是想乖乖地遵守规则？你是今天心情不好，想冲撞一下周围的人，还是心情大好，站在路边也能欣赏风景？你是忙忙碌碌琐事缠身，还是悠闲自在一身轻松？你的情况和当时的心理就决定了在过马路时愿意等待还是不愿等待。

人生也是如此，你是有自己的想法，想要追求自己的生活；还是追随大众，盲目过马路？

而“中国式过马路”与“美国式过马路”的提法本身，也反映了人们的思维及论述的以偏概全，你是以少数的几个人就概括了大众，还是能全面审视周围人群的情况？在人生的长河中，你对自己的人生的判断以及对他人的判断是否可以避免如此的以偏概全？

准时与否？

还记得以前在学生时代时，听老师讲课讲到要守时的时候，老师总会举例说："外国人是非常重视守时的。一般会提前5分钟到场。"后来，在阅读一些图书的时候，也经常会看到这样的例子，大多都是说外国人很重视时间，很有时间观念。我当时就想，即便外国人有一些人很守时，但也不能说外国人都很守时吧？

这次到了哈佛，我一心以为教授、同学们都很守时。可是，结果却令我大跌眼镜。

我当时旁听的有一门课的上课时间是12点。我因为之前有一些其他事情将时间耽搁了而处于即将迟到的状态，我心急火燎地赶啊，担心自己迟到了。终于，我在11点56分到了教室门外，我庆幸着终于不会迟到。可是，当我进到教室，我傻眼了——教室里空无一人，黑灯瞎火的。我急坏了：是不是换教室了？或是这周停课了？我忘记核对大纲了，内心无数的想法飘过。我站在教室外，急得像热锅的蚂蚁一样，不知道该怎么办。跑回家去核对吧，太远了；找人问问吧，却周围没有一个人。我几乎已经失望了，想着先去洗手间擦把汗后回家吧。结果，等我出来后，却发现教室里有了几个人。最后，真正上课时，已经是12点10多分了，而下课却是正常的13点半。看来，"准时"是准时在下课上了。

像这样的"虚惊一场"，一年里我经历了好几次——在不同的课程、不同的学院。到了后来，我也有经验了，知道哈佛的老师们在上课或讲座时迟到几分钟、十来分钟是很正常的事情。

还有，很奇怪的事情是，哈佛的不少课程的授课时间之间经常没有安排课间休息的时间，也就是说，从时间表上看，上一门课10点下课，紧接着，下一门课10点上课。不像国内学校两门课程之间会有个10分钟的休息时间，给老师们下课、上课留点缓冲、交接的余地。在哈佛的一些课堂，前一门课程的下课与后一门课程的上课，其间似乎就只有靠老师自己调整了。还记得我有一次到教育学院去听课，我提前10分钟到了教室，又傻眼了：教室里坐满了人！我吓坏了：时间又调整了吗？怎么已经满满的人，已经在上课了吗？到了后来才知道，这是前面班级的课堂啊！于是，等前面班级的老师下课、同学离开，我们后面班级的老师、同学涌进教室，这能准时吗？当然不能。

所以，准时与否？以后可不能片面地认为外国人很准时了！

我想，对于我们的一生来说，在一些事情上准时与否是很重要，但似乎也没有以前所强调的那么重要。关键的问题是，我们是否在一定的时间内完成了自己人生中该完成的一些事情。

哈佛大学松鼠会成灾吗？

到了哈佛后，我们很快就发现：这里的松鼠可真多啊！

在不是冬天的季节里，走在路上，随时都会有松鼠从脚边跑过，或是从草坪蹿到树上。有一次，我们正走着，有一只松鼠从路边树丛中蹿出来，爬到树干上停住。我家宝贝也立马停下脚步，昂头望着树干上的松鼠，说："啊，这是我第一次这么近地看松鼠。"而松鼠在树干上停着，也在呆呆地望着我们，似乎也在说："这是我第一次近距离与人类面对面。"

图10－6　哈佛的松鼠

图 10-7 松鼠与孩子们

在我们住的房子窗外有一棵树，每天当我们安静地坐在桌前吃饭时，我们都会发现有松鼠嗖地蹿上去。宝贝每次便会大叫："Squirrel, Squirrel!（松鼠，松鼠！）"于是，吃饭时观望松鼠也成了餐中一事了。

听说，与我们住的地方有点距离的波士顿公园(Boston Common)有许多的松鼠，每天都有许多的人跑去观赏，给它们喂食。于是，有一天，我们和几位小朋友还专门跑到那里去喂松鼠。

松鼠，松鼠，的确像鼠。除了个子大一些、尾巴蓬松之外，与一般的老鼠能有几多不同？仔细想想，的确还没有太多的外观上的不同。可是，为什么人们对老鼠就那么厌恶，而对松鼠则多了不少的喜爱呢？大概是否偷吃家里的东西就是根本原因了？

因为每天看松鼠看得太多，宝贝不由得担心：哈佛大学松鼠会成灾吗？当宝贝在2014年9月28日下午问出这个问题时，我也在想：哈佛大学松鼠会成灾吗？可是，想想之后也很难说。咳，这个问题留给动物学家去考虑吧。希望N年之后，哈佛大学的松鼠不会多得随时触碰行人的脚。

而由松鼠与老鼠的不同，让我想到了人类。人与人，从根本上是差不多的，但是，有些人能让周围的人感觉良好，他自己也能实现自己人生的意义；而有些人却总是让周围的人感觉很糟糕，他自己也往往不能实现自己人生的意义。

人生百年，但若放于宇宙、太空或历史长河之中，却也是犹如白驹过隙。祝愿每一个人都能仔细思考生命的意义，让自己的人生展现出不凡的精彩！

结语

如前所述，心理素质与人生有着紧密的联系。不同的心理素质可以带来不同的人生，不同的人生映射出不同的心理素质：

在认知方面，你若能了解自己的认知风格，学着接受独特的自我，从小水壶与小锅的故事中能学着发现自身的价值，在认识专注力的过程中能学着提升自己的专注力，则你可以为自己的人生开启成功的航向。

在情绪情感方面，你若能在不堪重负时学着将压力放到一边，学会控制冲动的情绪，时常阅读情绪智力之类的心理书籍，日日感受明媚的阳光，保持愉悦的情绪，则你在通向美好人生的过程中也能时时体会生活的快乐。

在意志方面，你若能从坚强的特种士兵的故事中获得启示，从哈佛广场的乞讨者的事例中多多思考意志品质的重要性，从挫折之痛中看到成长的契机，从书非借也能读和延迟满足的故事中认识到意志培养的可能性，则你可以更为坚定从容地走向成功的人生。

在个性方面，你若能认识人格面具的作用，拷问需要层次的满足，发挥性格内向的优势，悦纳自己或他人的独特个性，则你在追寻成功人生的路程中可以展现出自己的个性。

在学习方面，人常说“活到老、学到老”。你若能理解哈佛教授的“疯狂”，如同哈佛学生那样去体会学习的苦与乐，在为哈佛学生裸奔而莞尔一笑时能减去几分学习的压力，从学习方法大比拼中重新计划自己的学习方法，则你可以在学习的道路上收获更多的快乐。

在人际交往方面，你若能在“邻家有个夜哭郎”时也能保持内心的平静，你若能在不公平的人际关系中获得心灵的成长，你若能在生活中追寻或维护美好的爱情，你若能拥有亲昵的关系，则你的人生丰富而美好。

在心理健康方面，你若能从自杀之殇去思考帮助别人与自己的方法，从蓝绿色的灯光开始理解并传播性尊重的理念，从万事皆有可能中体会到一种积极生活的态度，从做个能幸福的人中开始积极追寻幸福的人生，则你通往成功人生的路途中可以少一些曲折或变故。

在职业规划方面，你若能像哈佛校长演讲所期望的那样站在为他人和整个世界而考虑的高度来思考规划自己的职业，从校车司机大不同中思考"人职之匹配"[①]，从人各有志的现象中来思考自己的价值观，以及对创业的脚步也能持观赏的态度，则你能在职业生活中游刃有余。

在生命思索方面，你若能从 Kennedy 短暂的一生来思考自己的生命目标，从不一样的人生中两位励志人物的故事里获得积极的动力，在阅读荣格的一生时能思考自己的人生，以及在美国式过马路、准时与否、哈佛大学松鼠与老鼠之辨析所引出的对人类的思考这些小小的故事中能对人生有一定的思索，则你在追寻自己的人生成功时也能时时感受人生的意义。

反之亦然。

而且，基于个体不同的人生，我们则可以推断其心理素质的状况如何。很显然，成功的人生必然与积极的认知、情绪、意志、个性、学习、人际交往、心理健康、职业规划、生命思索等心理素质密切相关；而不成功的人生或个体自认为不成功的人生则在上述心理素质的一方面或多方面有欠缺或不足。

总之，从以上不同的心理素质中，我们可以设想人们不同的人生；同时，我们也可以从周遭不同的人生来思考其对应的心理素质。希望每一位读者在掩

① 人职匹配主要指人的能力、个性、兴趣、需要等个性特征要与职业性质相一致。人们的职业满意感、稳定性和职业成就等在很大程度上取决于人—职之间是否匹配。每一个体都有自己的个性特征；而每一种职业对工作者也有不同的要求，所以在进行职业决策时，应选择与自己的个性特征相适应的职业。

卷沉思时，都能获得心灵的成长。我更希望每一位读者在人生的每一个阶段都能经常思考心理素质与人生的关系，以健康、积极的心理素质来实现美好、成功的人生！

主要参考文献

车文博. 心理咨询大百科全书[M]. 杭州:浙江科学技术出版社. 2001.

车文博. 心理咨询百科全书[M]. 长春:吉林人民出版社,1991.

冯江平. 挫折心理学[M]. 太原:山西教育出版社,1991.

黄希庭. 简明心理学辞典[M]. 合肥:安徽人民出版社,2004.

孔克勤,叶奕乾,杨秀君. 个性心理学[M]. 上海:华东师范大学出版社,2006.

李海洲,边和平. 挫折教育论[M]. 南京:江苏教育出版社. 2001.

林传鼎,陈永舒,张厚粲主编. 心理学词典[M]. 南昌:江西科学技术出版社,1986.

刘永芳. 归因理论及其应用[M]. 济南:山东人民出版社,1998.

罗竹风. 汉语大词典(第五卷)[M]. 上海:汉语大词典出版社,1993.

商务印书馆辞书研究中心修订. 新华词典[M]. 北京:商务印书馆,2002.

心理学百科全书编辑委员会. 心理学百科全书(第三卷)[M]. 杭州:浙江教育出版社,1995.

杨秀君. 心理素质训练[M]. 上海:上海交通大学出版社,2010.

杨秀君. 大学生学习成功感的初步研究[J]. 心理科学,2009,32(3):718-720,717.

叶奕乾,何存道,梁宁建. 普通心理学[M]. 上海:华东师范大学出版社,2008.

张旭东,车文博. 挫折应对与大学生心理健康[M]. 北京:科学出版社,2005.

郑日昌. 大学生心理卫生[M]. 济南:山东教育出版社,1999.

中国社会科学院语言研究所词典编辑室编. 现代汉语词典:2002 年增补本[M]. 北京:商务印书馆. 2002.

朱智贤. 心理学大词典[M]. 北京:北京师范大学出版社. 1989.

(日)田村洋太郎著,高倩艺译. 失败学[M]. 上海:上海科学技术出版社,2002.

Ie, A., Ngnoumen, C. T. & Langer, E. J. (2014). The Wiley Blackwell Handbook of Mindfulness [M]. Chilchester: John Wiley & Sons, Ltd.

Langer, E. & Moldoveanu, M. (2000). The Construct of Mindfulness [J]. Journal of Social Issues, 56(1):1-9.

Rosenzweig, S. & Rosenzweig, L. (1976). Guide to Research on the Rosenzweig Picture-Frustration (P-F) Study, 1934-1974 [J]. Journal of Personality Assessment, 40(6):599-606.

Weibe, D. J. (1991). Hardiness and stress moderation: A test of proposed mechanism [J]. Journal of Personality and Social Psychology, 60(1):89-99.

附录1　大学生学习成功感量表

这份问卷是为了了解你在学习过程中的感受和情况，与你的智力、学习成绩没有关系。请你仔细阅读下面每一个句子，并将与你的实际想法相符合的回答在相应“□”上打“√”。答案无对错之分，希望你如实回答。回答时不要太费时考虑，也不要讨论，看懂后立即回答，注意不要遗漏！

	不符合	不大符合	基本符合	符合
1. 我爱好学习。	□	□	□	□
2. 我在学校的表现总是像我所希望的那样好。	□	□	□	□
3. 当别人赞扬我的成绩时，我感到很自豪。	□	□	□	□
4. 我觉得自己在学习上是一个失败者。	□	□	□	□
5. 我感到学习是一种乐趣。	□	□	□	□
6. 在学习上我取得了越来越大的进步。	□	□	□	□
7. 我的学习成绩比同学好时，我感到很成功。	□	□	□	□
8. 我觉得自己的学习不如班上的大多数同学好。	□	□	□	□
9. 学习是一件快乐的事情。	□	□	□	□

	不符合	不大符合	基本符合	符合
10. 总的来说，我对自己目前的学习状况感到满意。	□	□	□	□
11. 老师对我的学习给予肯定时，我的心中充满了喜悦。	□	□	□	□
12. 我喜欢学习。	□	□	□	□
13. 我认为自己的学习是越来越好，而不是越来越差。	□	□	□	□
14. 父母表扬我成绩进步时，我感到特别高兴。	□	□	□	□
15. 我感觉自己学习很差。	□	□	□	□
16. 我与其他同学一样喜欢学习。	□	□	□	□
17. 我为自己的学习成绩感到骄傲。	□	□	□	□
18. 当我帮助同学解答难题后心里非常喜悦。	□	□	□	□
19. 大多数时候，学习对我而言是艰难的。	□	□	□	□
20. 我在学校学习时，觉得很开心。	□	□	□	□
21. 在课堂上做出别的同学都不会的难题时，我非常高兴。	□	□	□	□
22. 学习时，我的心情很愉快。	□	□	□	□
23. 我最近处于最佳的学习状态。	□	□	□	□
24. 当听到同学说我成绩好时，我特别高兴。	□	□	□	□
25. 我对自己的学习一点也不满意。	□	□	□	□

	不符合	不大符合	基本符合	符合
26. 在学习中,我经常体验到一种成功的喜悦。	☐	☐	☐	☐
27. 当我得到老师的表扬时,我很高兴。	☐	☐	☐	☐
28. 我感到学习是一种乐趣。	☐	☐	☐	☐
29. 我感觉自己学习很差。	☐	☐	☐	☐
30. 总的来说,我对自己目前的学习状况感到满意。	☐	☐	☐	☐

计分时,请使用计分卡。其计分规则为:在计分卡中,第一行至第三行的计分都是:不符合=1分,不大符合=2分,基本符合=3分,符合=4分;第四行"消极的自我评价"的计分为:不符合=4分,不大符合=3分,基本符合=2分,符合=1分。

最后的第28、29、30是测谎题,不需计算,用于帮助判断回答者是否认真作答即可。其中,可查看第28题与第5题、29题与第15题、第30题和第10题的结果是否类似。若前后差别很大,则可以判断回答者没有认真回答问卷。

请根据计分规则,将问卷中所作选择所代表的分数写在相应题号旁,再计算各因子的分数。

大学生学习成功感问卷计分卡

因子	题号								总分
与学习本身有关的积极情感	1	5	9	12	16	20	22	26	
与他人有关的积极情感	3	7	11	14	18	21	24	27	
积极的自我评价	2	6	10	13	17	23			
消极的自我评价	4	8	15	19	25				

对结果的判断可参照下表，根据年级、性别选择相应的指标。如果你的分数在相应的“平均数±标准差”的范围之内，则处于平均水平；若在平均数±标准差之外，则可判断是低于或高于平均水平。

表　不同性别与年级学生的学习成功感的平均数和标准差

年级	性别	平均数	标准差	范围
大一	男	81.05	2.55	78.50—83.60
	女	84.95	2.49	82.46—87.44
大二	男	77.27	1.03	76.24—78.30
	女	81.89	0.93	80.96—82.82
大三	男	70.10	2.49	67.61—72.59
	女	82.42	3.29	79.13—85.71
大四	男	76.00	3.44	72.56—79.44
	女	79.67	6.58	73.09—86.25

若读者还想进一步了解该量表，可参考笔者发表于《心理科学》2009年第九期上的论文“大学生学习成功感的初步研究”。

后记

书稿完成之时，我的访学生活也接近尾声——我就要踏上回国的旅程。在哈佛大学心理学系访学的这一年里，虽然有生活适应的艰难，有学习科研带来的压力，但我更珍视自己在学识、阅历上的收获。

非常感谢哈佛大学心理学系 Ellen J. Langer 教授邀请我到哈佛访学，让我在这一年里学习、收获许多。感谢 James Sidanius 等教授，热心地接纳我到课堂学习并耐心地为我解疑释惑。感谢社会学系 Christopher Winship 教授给我在研究上的指导。感谢实验室 Jack Demick 博士、Natalie Trent 博士、Andrew Reece、Katherine Bercovitz 等朋友及众多的研究助理们，感谢配合实验的同学们。感谢周振宇、张长英等我在哈佛新结识的朋友们！

非常感谢我的工作单位上海大学的各位领导、老师、同事和同学们，没有大家的鼓励和支持，我难以实现出国访学一年的梦想。这一年里，虽然我身在哈佛，但心系上大，查看上海大学的网站也成了我每日的习惯！

非常感谢我的硕士、博士导师，华东师范大学心理与认知科学学院的孔克勤教授多年来对我的培养。感谢华东师范大学心理与认知科学学院李其维教授等各位老师对我的指导。

非常感谢我的父亲杨盛德、母亲徐名兰、姐姐杨秀群、姐夫王西能、侄女王彬洁、丈夫何华武、女儿何依杨等给我的支持和帮助，特别是我亲爱的女儿在哈佛的一年相伴让我的生活清苦中也饱含甜蜜。感谢胡金辉、何华忠、邓蔚、何华兰、刘洪兴、何华月、罗亚美、何华柏、范文斌、肖言凤、谭松涛、谢玉兰、杜陈猛、高忠群、申崇明等对我的关心和鼓励。

感谢我的研究生杨晓丽、朱晓颖、张娟、葛蓓蓓、何红炬、梁晓辉、章敏、吴盈英、马建建、王亚莉、岑定国的关心和支持。

非常感谢华东师范大学出版社教育心理图书分社彭呈军社长，认可该书的价值并提出宝贵的修改意见。感谢编辑同志的辛苦工作！

在本书写作的过程中，参考了许多前人的研究，也许在参考文献中未能一一列举，在此表示衷心的感谢！感谢所有对本书的出版给予帮助的人。由于时间和能力所限，书中存在的不足之处敬请读者指正。批评和建议请发送至电子邮箱：yxiujun@126.com。谢谢！

杨秀君

2015年8月5日